动物组织胚胎学

实验指导

◎ 冯昕炜　王惠娥　编著

中国农业科学技术出版社

图书在版编目（CIP）数据

动物组织胚胎学实验指导 / 冯昕炜，王惠娥编著 .—北京：中国农业科学技术出版社，2019. 1

ISBN 978-7-5116-2239-6

Ⅰ. ①动… Ⅱ. ①冯… ②王… Ⅲ. ①动物胚胎学—组织（动物学）—实验—高等学校—教学参考资料 Ⅳ. ① Q954.48-33

中国版本图书馆 CIP 数据核字（2018）第 240570 号

责任编辑 张国锋
责任校对 李向荣

出 版 者 中国农业科学技术出版社
北京市中关村南大街12号　　邮编：100081
电　　话 （010）82106636（编辑室）（010）82109702（发行部）
（010）82109709（读者服务部）
传　　真 （010）82106631
网　　址 http: // www.castp.cn
经 销 者 全国各地新华书店
印 刷 者 固安县京平诚乾印刷有限公司
开　　本 787mm × 1 092mm　1/16
印　　张 8
字　　数 198千字
版　　次 2019年1月第1版　　2019年1月第1次印刷
定　　价 48.00元

PREFACE

前言

动物组织胚胎学是动物医学和动物科学一门重要的基础课程，与动物解剖学、家畜生理学、动物生物化学、家畜病理学及家畜繁殖学等多门学科都有密切联系。近年来，随着分子生物学、细胞生物学、发育生物学等相关学科的进展，组织胚胎学获得了长足的发展，动物组织胚胎学的教学内容也在不断更新。但是，作为一门形态学课程，对机体显微结构的观察和描述仍然是最基本的教学内容，而实验课上的观察描述又是提高教学质量的重要环节，故其占的比例也很大，实验课时与理论课时比例接近或达到1∶1。

为了满足实验教学的需要，并结合动物医学、动物科学专业培养方案和教学大纲的要求，我们组织编写了《动物组织胚胎学实验指导》。全书共16章，图片118幅，每章包括理论知识总结、实验目的、实验内容、作业要求及思考题等，供动物医学、动物科学及相关专业本专科专业取舍使用。

本实验指导编写的主要原则和特色如下：

1. 密切联系动物组织胚胎学实验教学的实际需要，简明、实用；

2. 实验指导中学生实验课必看的组织切片图片，除结缔组织中2幅血涂片外，均为实拍彩色显微照片。从低倍到高倍，从全片到局部，图文并茂，便于学生更具体、形象地理解、认识和掌握机体的显微结构，培养学生分析问题、解决问题的能力；

3. 每章均附有理论知识总结和思考题，具有提示、启发思维，总结教学的效果。达到使学生在观察切片时可以结合理论知识，强化、验证理论知识的目的。

本书由冯昕炜副教授和王惠娥副教授担任主编。其中第一章、第八章、第十四章和第十五章由王惠娥副教授编写；绪论、第二章至第七章、第九章至第十三章由冯昕炜副教授编写；全书由冯昕炜副教授统稿。本书的出版得到了“塔里木大学动物科学专业综合改革试点”项目和“塔里木大学家畜组织胚胎学重点建设课程”项目的资助。

由于编者水平有限，时间仓促，因而书中不妥之处在所难免，恳请同行专家和读者批评指正，为再版提供宝贵建议。

冯昕炜

2018年9月

CONTENTS

目录

绪　论

动物组织胚胎学，是由动物组织学和动物胚胎学结合而成，属于形态学学科。动物组织学是研究动物机体微细结构及相关功能的科学，其内容包括细胞、基本组织和器官系统三部分。动物胚胎学是研究个体发生与发育规律的科学，其包括动物胚前发育、胚胎发育和胚后发育三部分。动物组织学与胚胎学是互相联系的两门独立学科，我国动物医学教育习惯地将其列为一门课程。其教学过程由理论课和实验课两部分组成。实验课是学习该课程的重要环节，主要是通过显微镜观察组织切片的经典技术方法，使学生达到如下的学习目的，掌握显微镜的使用方法，了解常规光镜切片制作技术。

一、动物组织胚胎学的实验目的、内容和方法

（一）实验目的

（1）增加感性认识，验证和巩固所学理论知识。

（2）加深、扩大对所学知识的理解。

（3）训练学生对形态结构的描述和绘图技能。

（4）培训学生观察、比较、分析、综合各种客观现象的思维方法和独立思考的能力。

（5）培养学生有条不紊的工作作风和严格尊重客观事实的科学态度。

（6）掌握正确使用光学显微镜的方法。

（二）实验方法

1. 组织切片观察

（1）实验前应预习实验指导并复习课堂所学相关章节，明确实验目的，熟悉实验内容。

（2）实验课需携带教材、实验指导、红蓝铅笔、铅笔、橡皮、直尺等学习用品。

（3）先用肉眼观察组织切片的形状、颜色，初步确定是何种组织、制作方法和染色方法。

（4）再用低倍镜观察组织切片的全貌。观察时应上、下、左、右扫视全片，确认是何种组织或是器官的哪一部分及切面方向。

（5）最后用高倍镜重点观察细胞的微细结构。

（6）绘图要求和示范：

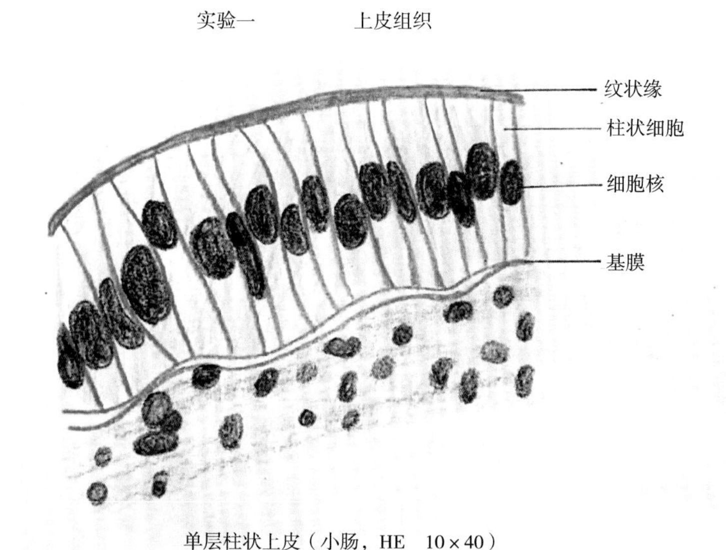

图绪–1 组织学标本绘图范例

绘图要如实反映标本组织、细胞等的形态结构，如各部分细胞的大小、形状、着色情况以及细胞的数量、标本的特殊结构等。

图注应该准确、美观。应使用黑色或者蓝色中性笔或者钢笔进行标注，标注应使用规范的学术名称，标注线应平直、线与线平行且间距一致，标注线外侧对齐，以使标注字齐整。

2. 大体标本观察

大体标本主要观察胚胎各期生长发育的情况，胚胎个体体积、发育情况等。

3. 其他实验方法

在实验过程中，还可以利用挂图、模型、幻灯片、录像、照片、电视显微镜等有关教材教具，进行直接观察，以增强感性认识，提高形态学描述和绘图能力。

（三）注意事项

① 切勿将切片放反，以免压碎玻片。

② 切忌对照图谱临摹。

③ 注意辨别正常组织结构与制片中人为造成的干扰，如气泡、皱褶、刀痕、裂隙等。

④ 爱护显微镜，不得随意拆卸；如发现使用故障，应报告教师进行维修和更换。

⑤ 爱护标本，谨防打碎；如发现损坏或者缺失等情况，应及时报告教师进行登记和补充。

⑥ 保持实验室安静整洁。

二、光学显微镜的构造、使用方法和注意事项

（一）光学显微镜的构造

无论哪一种类普通生物显微镜，其结构都是由机械部分和光学部分组成。下面以普通复式显微镜为例介绍其结构及使用方法。

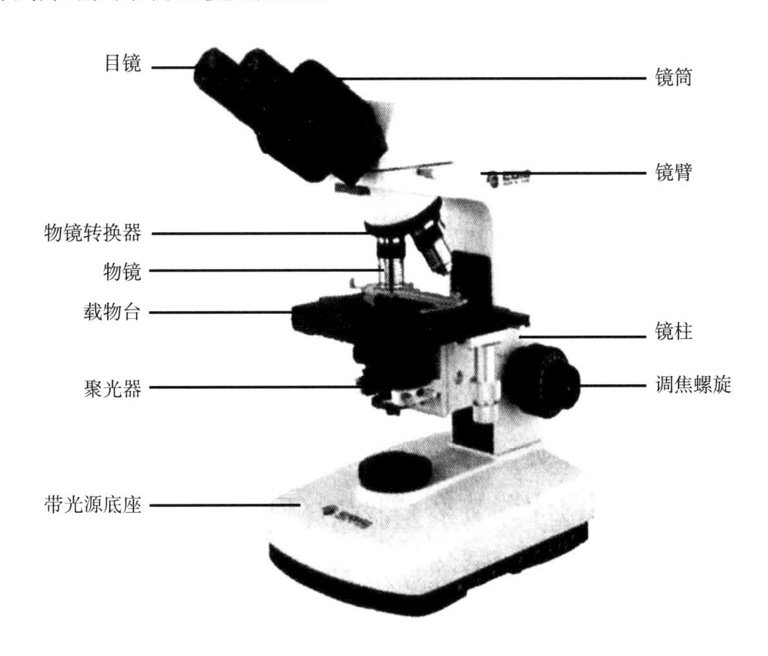

图绪-2 光学显微镜的结构

1．机械部分

机械部分主要包括镜座、镜臂、载物台、调焦装置、物镜转换器、镜筒等部件。

（1）镜座：是用来支持整个显微镜体的，镜座上通常装有照明装置。

（2）镜臂：其作用是用来支持镜筒、载物台、聚光镜和调焦装置。

（3）载物台：上面有标本移动器和通光孔。其作用是用来安放并固定和移动所要观察的标本切片。

（4）镜筒：起连接上端目镜和下端物镜转换器的作用。双目显微镜两镜筒之间的距离可调，以适应各人瞳间距。

（5）物镜转换器：是固定物镜并可旋转定位的圆盘，旋转物镜转换器，可更换不同放大倍数的物镜。

（6）调焦装置：包括粗调焦螺旋和微调焦螺旋，前者可使载物台有较大幅度地上升或下降，后者只能使载物台轻微地上升或下降。使用时，先用粗螺旋，待观察到标本图像后，用微调焦螺旋调节，可使标本图像更清晰。

2. 光学部分

光学部分主要包括光源、聚光器、目镜和物镜。

（1）聚光器包括聚光镜和光圈两部分。装于载物台下方，可聚集光源发出的光，并通过载物台通光孔透过标本。聚光镜的一侧有调节轮，可以升降，可按需要调节亮度。光圈可开大或关小，以调节进入镜头的光线的大小，适当大小的光圈可使物像更加清晰。

（2）物镜一般有4倍、10倍、40倍和100倍等几种。通常将4倍、10倍镜头称为低倍镜，40倍镜头称为高倍镜，100倍镜头称为油镜。

（3）目镜的放大倍数有10倍、15倍等几种。光镜的放大率等于目镜放大倍数和物镜放大倍数的乘积。

（二）普通光学显微镜的使用方法

显微镜的使用效果除与镜体本身构造有密切关系外，其使用方法也很重要，为获得良好的效果和不损坏镜头及切片，现就其使用方法简介如下。

1. 取镜安放

取镜：右手握住镜臂，左手平托镜座，保持镜体直立（严禁单手提显微镜行走）。

安放：放置桌边时动作要轻。一般应在身体的前面，略偏左，镜筒向前，镜臂向后，距桌边7～10cm处，以便观察和防止掉落。

2. 调节照明

转动物镜转换器，使低倍镜对准聚光器，两眼睁开，注视目镜。打开可变光阑，先将亮度调节钮关至最小，然后打开电源开关，适当调节亮度。调节照明时，应根据光源光线的强弱、标本的具体情况和所用物镜的倍数，灵活运用聚光器和可变光阑。

3. 放置标本

将要观察的切片标本放在载物台上（盖片面向上），用弹簧板或推进尺固定。

4. 调焦

将标本移至物镜下方，使切片内的标本对准载物台中央小孔；一边从目镜观察，一边转动粗调焦螺旋，直至找到观察目标并且将物像调至清晰。为使图像更清晰，可轻轻转动微调焦螺旋。

5. 调节双瞳孔间的距离

若用双目显微镜，应用双眼自目镜观察，同时用双手握住两个目镜的镜筒，左右移动，直至双眼看到一共同视野为止。

6. 观察

一般先用低倍镜观察，因为低倍镜观察视野较大，容易寻找切片的各个区域。待确定要详细观察切片的某一区域时，可将这部分移至视野中央，再转换高倍镜观察。在低倍镜清晰观察切片的基础上，旋动物镜转换器，换上高倍镜，将光线调节至舒适明亮的程度，然后稍调节微调焦螺旋，至观察到清晰的物像为止。

7. 油镜使用方法

（1）使用油镜前，先将集光器上升到顶，光圈充分放大，使亮度达到最强。

（2）将需要详细观察的部分，移到视野中心，用弹簧板或推进尺固定。

（3）在高倍物镜下观察清楚后，将高倍镜移开，在标本所要观察的部位滴一滴香柏油，旋转物镜转换器，将油镜头对准通光孔。

（4）从侧面观察，使油镜头与切片上的香柏油充分接触，然后调节微调焦螺旋，即可看到高倍放大的清晰物像。

（5）用完油镜后，必须用擦镜纸和清洗剂将镜头和玻片擦拭干净。

8. 使用后的整理

（1）关掉电源。

（2）将物镜转至最低倍。

（3）取下切片。

（4）罩上防尘罩。

（三）使用光学显微镜的注意事项

（1）搬动显微镜时，应该用右手握持镜臂，左手托镜座，平贴胸前，以防碰撞。切勿用一只手斜提，前后摇摆。

（2）使用前应检查显微镜的主要部件有无缺损；机械部分应该保持顺滑灵活，无停滞现象，必要时可在滑动部分涂抹优质润滑油。使用时，要严格按照操作程序，正确、缓慢地移动有关机械部分。

（3）显微镜不宜直接暴露在阳光直射下，以免目镜、物镜脱胶而损坏。要放置在阴凉、干燥、无灰尘、无挥发性化学药品的地方。

（4）所有镜头均经校验，切勿自行拆卸，以免安装不当而影响观察效果。如镜头表面有灰尘，勿用口吹或手指抹擦，应用洗耳球吹去或用擦镜纸揩去；沾有污物时，可蘸少量二甲苯由透镜的中心向外轻拭，以免磨损镜头。

（5）不要任意把目镜从镜筒中取出，以免灰尘落入镜筒内的棱镜或物镜上，不用时应盖上防尘罩。

（6）用完显微镜后，应用粗调焦螺旋降下载物台至最低位置，将物镜低倍镜头对准通光孔，然后盖上防尘罩，放回原处。

（7）显微镜最好收藏于镜箱中，通常还需在镜箱内放置防潮硅胶，并定期更换以保持干燥，以免显微镜的光学部件长霉和金属部件生锈。

三、光镜标本制作技术简介

为了充分理解光镜下的组织结构，了解标本切片如何制作是很有必要的。因为在标本切片的制作过程中，组织经受了变动，例如，当标本浸入水溶液时，水溶性物质就丢失了；标本浸入脂溶液中，脂肪也丢失了。经过一些步骤，标本被压缩了。最后，着色的某些组织成分，发生了复杂的效应而被定影。

不同的组织或不同的研究目的，其标本的制作方法也不尽相同。例如，血液制片，将其涂抹在载玻片上；骨骼制片，一般采用磨片的方法；肠系膜制片，将其平铺于载玻片上。多数组织需经过一定处理后，再用刀具切成薄片，简称切片。动物细胞的直径约10μm，为了能看清组织结构，切片的厚度一般在5μm左右。切片使用的仪器称切片机。为了便于切片，必须使组织保持一定的硬度，所以常在切片前使组织内渗入某些支持物。根据所用支持物的不同，可将组织制片技术分为石蜡切片、火胶棉切片、冰冻切片以及半薄切片和振动切片等。其中最常用的是石蜡切片和冰冻切片。

常规光镜组织学标本的制作方法是石蜡包埋切片法。该方法是使石蜡浸入组织，使组织块变硬，利于切薄。制作的切片能完好地保存组织原有的结构，透明度好，并可长期保存，有利于显微镜下观察组织图像。这种方法包括以下几个步骤。

1. 取材

组织材料愈新鲜愈好，动物组织应在动物处死后立即取材，并迅速投入固定液中。材料大小一般不超过1.2cm × 0.5cm × 0.2cm。

2. 固定

为了防止组织细胞死亡后的变化，防止自溶与腐败，保持组织内细胞原有的结构和形态，使其与生活状态时相似，切取组织块后应立即投入固定液中。常用的固定液有10%的甲醛溶液（由纯甲醛按1∶9的比例加入蒸馏水配成）、波恩氏液（Bouin液，由苦味酸、甲醛溶液、冰醋酸三者混合配成）、岑克氏液（Zenker液，由重铬酸钾、升汞、冰醋酸三者混合配成）等。

3. 脱水、透明

常用的固定液及组织内含有很多水分。水与石蜡不相溶，必须将组织中的水分全部脱去，这一过程称为脱水。常用的脱水剂是一系列不同浓度的乙醇。脱水的步骤是依次经过70%、80%、90%、95%、100%各种浓度乙醇，以去净组织内的水分，并完全由乙醇替代。但石蜡也不溶于乙醇，必须用二甲苯替代乙醇。组织浸于油质（二甲苯）中呈现透明状态，这一过程称为透明。

4. 浸蜡、包埋

将已透明的组织逐步移入熔点为52～54℃、54～56℃、56～58℃三种已熔化的石蜡中，使石蜡充分浸入组织内，此过程称为浸蜡。将浸蜡后的组织置于融化的固体石蜡中，石蜡凝固后，组织即被包在其中，成为蜡块，这一过程称为包埋。

5. 切片、贴片

将包埋好的蜡块修整好，置于切片机上，便可进行切片。切片是利用切片机精细的螺旋，将包含组织的蜡块向刀刃推进的原理进行的。它的进度受精密机械的控制，每次最小可推进1μm。每推进一步刀刃便切下一片组织，其厚度均匀一致，切下的组织片一般厚度5～6μm，且连续相接而成带状。用小镊子将带状组织蜡片轻轻铺在约45℃的水面上，借水的张力和水的温度将略皱的组织蜡片伸展平整，待完全展平后用镊子将其分开，持一洁净载玻片，将其轻轻捞在中段处，倾去载玻片上的余水，放在烤片架上，置于60℃左右烘箱内烤干。

6. 染色、封固

常用的染色方法是苏木精—伊红（Hematoxylin Eosin）染色法，简称H.E染色法。这种方法对任何固定液固定的组织和应用各种包埋法的切片均可使用。苏木精是一种碱性染料，可使组织内的酸性物质（又称为嗜碱性物质）着紫蓝色，如细胞核中的染色质等；伊红是一种酸性染料，可使组织中的碱性物质（又称为嗜酸性物质）染成红色，如多数细胞的细胞质、核仁等在H.E染色的切片中均呈红色，很容易与胞核区别。染色剂多为水溶液，故在染色前必须先经二甲苯脱蜡，再用乙醇由高浓度到低浓度脱苯，复水，最后用流水洗去乙醇，即可染色。先用苏木精液染细胞核，用自来水洗去切片上残余的染液，再用1%的盐酸乙醇分色，分色的目的是除去细胞核以外不应着色部分的颜色，使细胞着色清晰适度、颜色分辨鲜明。分色时间凭经验控制。分色后用流水充分洗涤去除余酸。最后用

0.5%的伊红液染细胞质。染好后的切片，因组织内含有水分而不透明，需再次用乙醇脱水、二甲苯透明。为了达到长期保存的目的，在切片标本上滴加树胶，再加一盖玻片，此过程称为封固。

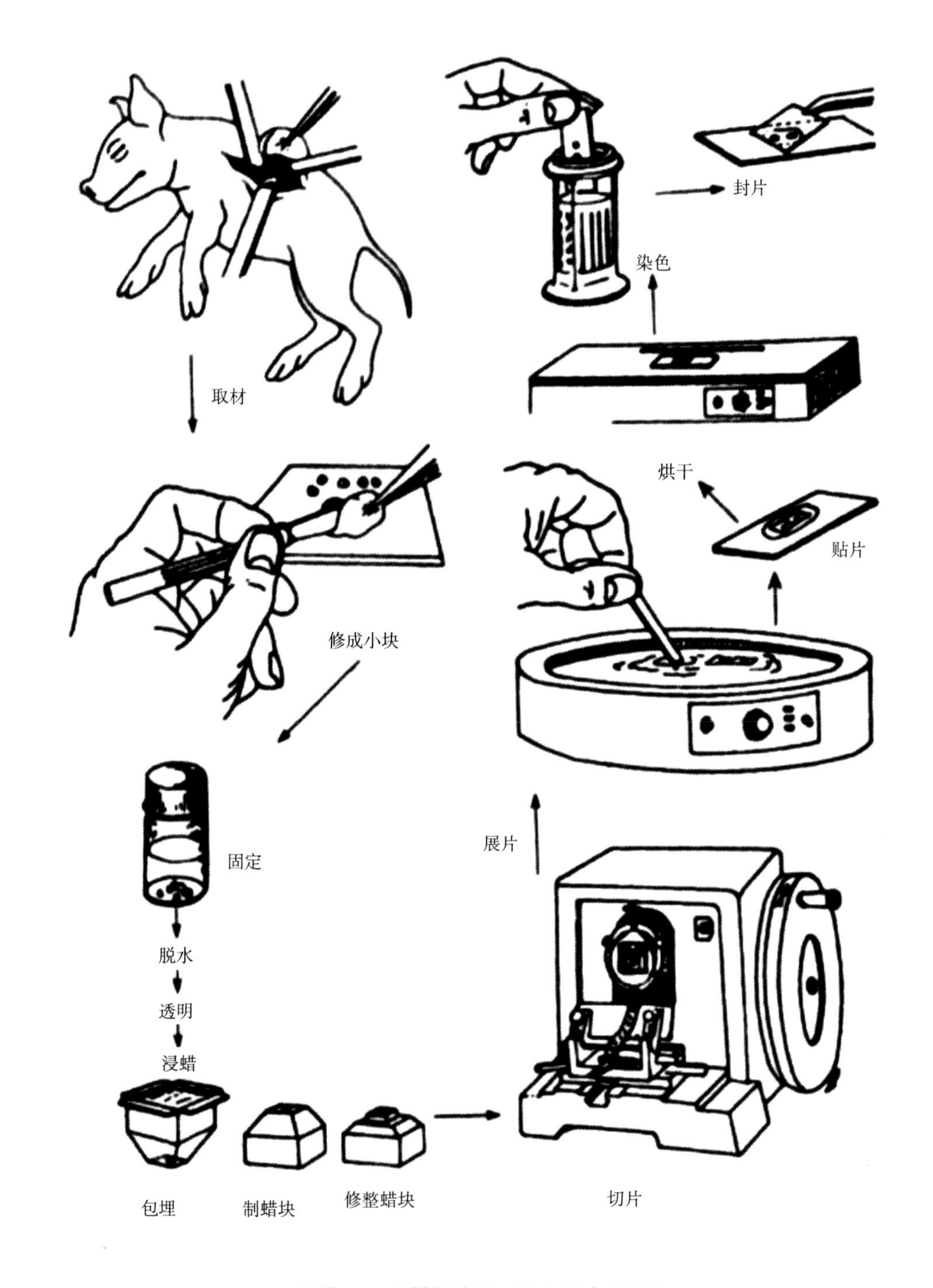

图绪-3　石蜡切片制作的主要步骤图示

第一章

细　胞

细胞（Cell）是包被有生物膜的原生质团，是生命体的基本单位。原生质（protoplasm）是细胞膜以内的所有生活物质，其中具有特定形态并执行特定功能的结构称为细胞器（organelle），无特定结构的原生质部分称为细胞质基质。

细胞作为生命活动的基本单位，其体积必然要适应其代谢活动的要求。细胞体积大小受限因素主要有：① 表面积与体积的关系；② 细胞内关键分子的浓度。哺乳动物和鸟类大多数细胞直径为10～20μm，小的直径只有几微米，如小脑的颗粒细胞为4～8μm，大的细胞可有数十微米，如大脑的锥体细胞，有的甚至可达数厘米，如鸟类的卵细胞。细胞大小与细胞机能相适应，与生物个体大小没有必然联系。

由于结构和所处环境及功能状态的不同，各类细胞的形态差异很大，有圆球形、立方形、扁平形等。细胞形态主要与其所执行的功能相适应，如红细胞的双凹圆盘状，有利于气体交换。

细胞虽然千差万别，但是仍具有共同的基本结构，均可分为细胞膜、细胞质和细胞核三部分，每一部分还包含更微小的结构。细胞是一个有机统一的整体，各个组成部分在结构上既彼此独立，又相互联系；在功能上既分工细致，又高度合作，有条不紊地进行各种代谢过程，共同完成细胞的生命活动。

一、实验目的

（1）掌握细胞的基本结构。

（2）在光镜下识别不同大小、形态的细胞。

二、实验内容

（一）神经元

切片：牛或兔脊髓横切片，银沉淀染色。

1. 肉眼观察

脊髓横切面为扁椭圆形，中央呈蝴蝶形、着色较深的部分为灰质，四周着色较浅淡的部分为白质。灰质中较短、宽的一侧为前角，细长的一侧为后角。

2. 低倍镜观察

在脊髓横切面上可见：① 白质是神经纤维集中所在。神经纤维呈大小不等的圆形，其中间紫红色小点是轴突，髓鞘被溶解，故呈空泡状，纤维之间有较小的圆形或者卵圆形的神经胶质细胞核。② 灰质前角可见有较大的细胞，为前角运动神经元，即多极神经元。选择一结构典型的神经元，换高倍镜观察。③ 脊髓中央有中央管，腔面为室管膜细胞。

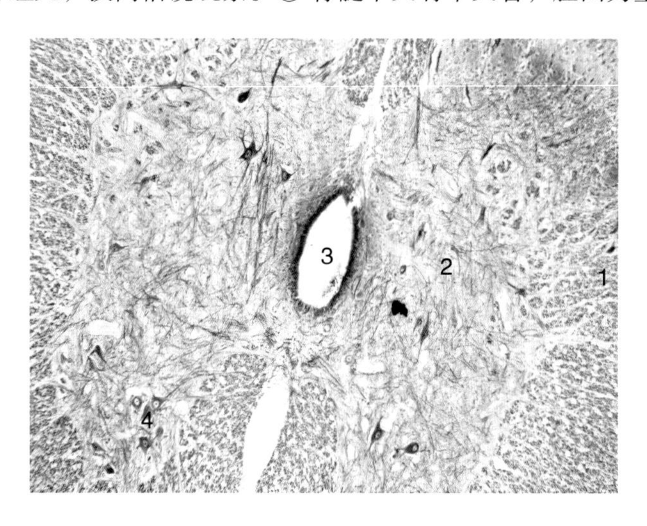

图1—1　脊髓（银沉淀　10×10）

1. 白质；2. 灰质；3. 中央管；4. 神经元

3. 高倍镜观察

高倍镜观察可见：神经元胞体大，形态不规则，伸出数个突起，有的神经元只见1～2个或者不见突起，这是由于切片只切到神经元一部分的缘故。神经元胞核大而圆，染色浅，多位于中央，核膜明显，有一个大而圆的核仁。HE染色的切片在胞质内有许多大小不等、形态不一的颗粒状物质或染色呈深蓝紫色的块状物质，称为尼氏体（又称嗜染质）。

图1-2 神经元（银沉淀 10×40）

1. 细胞膜；2. 细胞质；3. 细胞核；4. 核仁；5. 突起

（二）肝细胞

切片：猪肝切片，HE染色。

1. 低倍镜观察

猪肝小叶间结缔组织多，相邻肝小叶细胞分界清楚。低倍镜中显示的多边形结构为肝小叶，小叶中央的腔为中央静脉，中央静脉四周呈放射状排列的条索为肝细胞索（肝索），索间空隙为肝血窦；几个相邻的肝小叶间的结缔组织内含有小叶间动脉、小叶间静脉、小叶间胆管的断面，该部位为门管区。

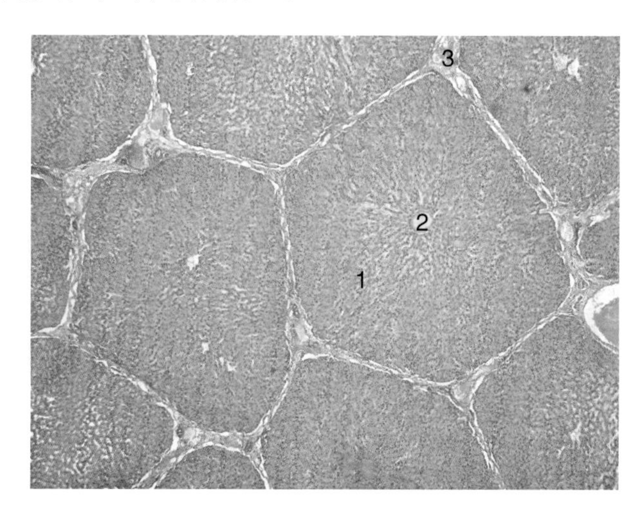

图1-3 肝脏（HE 10×4）

1. 肝小叶；2. 中央静脉；3. 门管区

2. 高倍镜观察

高倍镜观察可见：肝索由1～2行肝细胞组成。肝细胞为多边形，有1～2个圆形细胞核。核大而圆，胞质嗜酸性，分界清楚。肝血窦位于肝索之间，形状不规则，窦壁主要为内皮细胞，核扁，着色较深，紧贴肝索。在肝血窦内有许多形态不规则的细胞，体积大，胞浆丰富并伸出许多小突起，内含许多蓝色颗粒，为肝巨噬细胞（也称为枯否氏细胞）。门管区中小叶间动脉腔小壁厚，小叶间静脉腔大壁薄，形状不规则，小叶间胆管上皮为单层立方上皮或者单层柱状上皮。

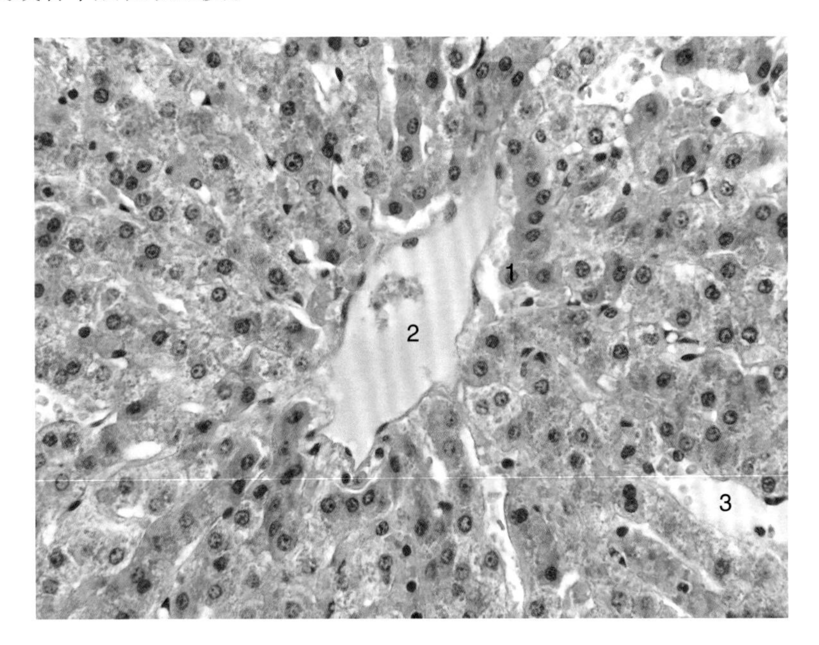

图1-4 肝细胞（HE 10×40）

1. 肝细胞；2. 中央静脉；3.肝血窦

（三）初级卵母细胞

切片：卵巢切片，HE染色。

1. 肉眼观察

卵巢切面为椭圆形，外周部分是卵巢的皮质，其中散布着色较浅的泡状结构，即为处于不同发育时期的卵泡。中央为髓质。

2. 低倍镜观察

卵巢表面有一层单层扁平或立方形的上皮，上皮下方是白膜，为薄层的致密结缔组织。卵巢外周部分为皮质，含不同发育阶段的卵泡、黄体等；中央为髓质，由疏松结缔组织构成，含有丰富血管、神经和淋巴管等，与皮质无明显界限。

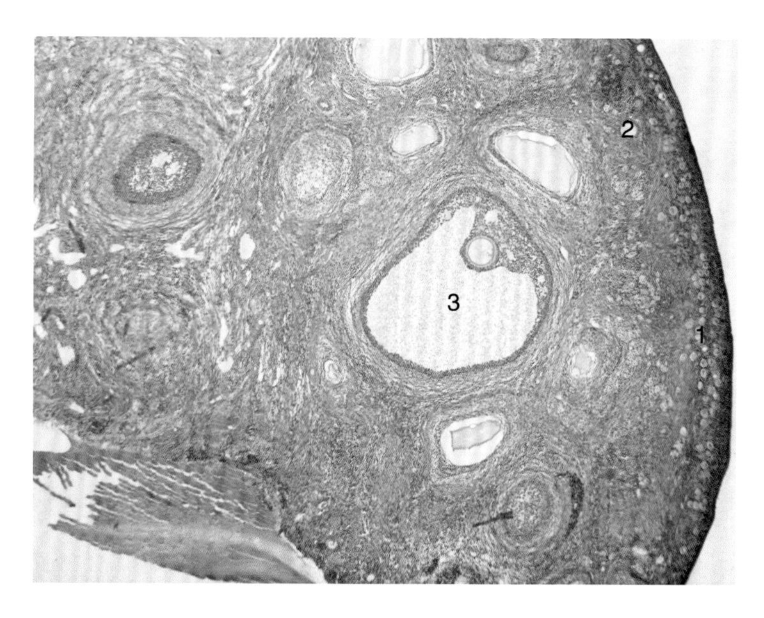

图1–5 卵巢（HE 10×4）

1. 原始卵泡；2. 初级卵泡；3. 次级卵泡

3. 高倍镜观察

高倍镜观察初级卵泡可见：周围的卵泡细胞为立方形或柱状，可有一至多层，卵母细胞和卵泡细胞之间出现透明带，呈均质状，染成红色。中央初级卵母细胞呈圆形，较大，核大而圆，染色质细疏，色浅，核仁大而明显，胞质嗜酸性。

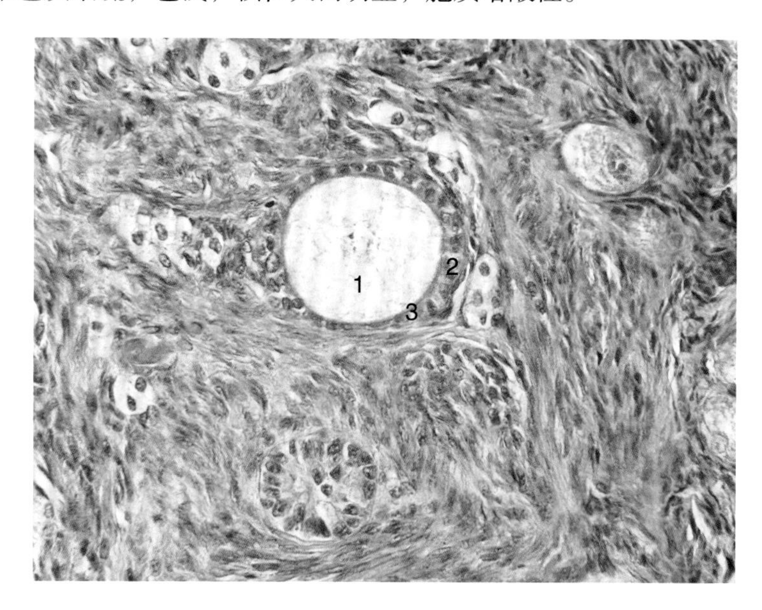

图1–6 卵巢（HE 10×40）

1. 初级卵母细胞；2. 卵泡细胞；3. 透明带

三、作业

（1）高倍镜下绘图：示初级卵泡的构造。

标注：细胞膜、细胞质、细胞核、透明带与卵泡细胞。

（2）高倍镜下绘图：示神经细胞的构造。

标注：细胞膜、细胞质、细胞核、尼氏体、核仁。

四、思考题

（1）若用低倍镜能看到切片内容，但用高倍镜看不到，应考虑哪些原因？

（2）对于HE染色的组织切片，一般而言，细胞哪些部分嗜碱性，哪些部分嗜酸性？为什么？

第二章

上皮组织

上皮组织（epithelial tissue）简称上皮，由大量形态规则、排列紧密的上皮细胞和少量细胞间质构成，多分布于体表或衬于有腔器官内外表面和许多腺体内。上皮组织的细胞都有明显的极性，即朝向体表或者管腔的一面称为游离面，朝向深部结缔组织与基底膜结合的一面，称为基底面；上皮组织内大多缺乏血管和淋巴管，但是神经末梢丰富。细胞的营养来自结缔组织中血管内渗出物质。上皮组织具有保护、吸收、分泌、排泄、感觉等功能。

根据上皮组织所在部位和功能的差异主要分为被覆上皮和腺上皮，另外还有特化的感觉上皮、生殖上皮和肌上皮等。

被覆上皮是上皮中种类最多，分布最广的一种上皮。根据细胞的层数分类：由一层形态相似的上皮细胞构成的上皮，称为单层上皮，单层上皮又分为：单层扁平上皮、单层立方上皮、单层柱状上皮、假复层纤毛柱状上皮；由多层不同形态的上皮细胞构成的上皮，称为复层上皮，其细胞形态大致有三种：基底层为一层矮柱状或矮立方细胞，中间层为多层多边形细胞，不同复层上皮表面细胞形态各不相同，根据表面细胞的形态将复层上皮分为：复层扁平上皮、复层柱状上皮、变移上皮。

每一个上皮细胞都有三个不同的面组成，即游离面、侧面、基底面。为了与其功能相适应，这三个面上均分化形成一些特殊结构，一般在电镜下才能看清楚。

腺上皮细胞可分布在被覆上皮细胞之间，如杯状细胞。以腺上皮为主要成分构成的器官称为腺体。机体内腺体有两大类：外分泌腺和内分泌腺。外分泌腺的分泌物经导管被输送到体表或某些器官腔面，如各种消化腺、乳腺等。外分泌腺又可以根据腺细胞的分泌物再分类。内分泌腺则由腺细胞排列方式不同称为滤泡状、网状、束状、球团状等，但无导管，分泌物渗入附近血液或淋巴，经循环系统输送并作用于特定组织或器官，如甲状腺、脑垂体等。

一、实验目的

（1）通过实验，进一步巩固和加深对上皮组织的分布和结构特征的认识。

（2）熟悉上皮组织的分类原则，掌握各类被覆上皮的结构特征并加以区别。

（3）熟悉各类被覆上皮的生理功能。

二、实验内容

（一）单层扁平上皮

切片：肾脏，HE染色。

1. 肉眼观察

标本染色较深处为皮质，染色较浅处为髓质。

2. 低倍镜观察

皮质表面可见一层致密结缔组织被膜。被膜下位于浅层染色较红的为皮质，皮质内有许多圆球状的肾小体，其间为近曲小管和远曲小管的断面。

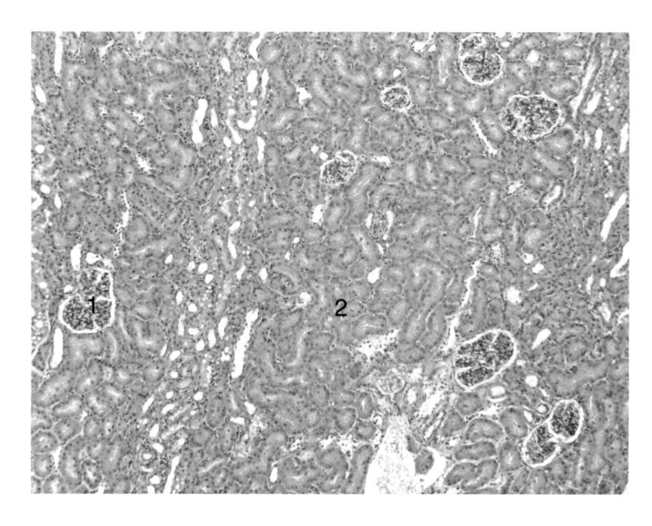

图2-1　肾脏皮质（HE　10×10）

1. 肾小体；2. 肾小管

3. 高倍镜观察

肾小体多呈圆形，中央是毛细血管盘绕而成的血管球，但切片中毛细血管管壁不容易分辨，只见成堆的细胞核（包括内皮细胞核、足细胞核和球内系膜细胞核）和毛细血管内的血细胞。血管球外周有环形裂隙，即肾小囊囊腔，肾小囊壁层为单层扁平上皮。它是一种最薄的上皮，仅由一层不规则的扁平细胞组成，细胞呈梭形，胞质少，只在核两侧略有增厚。

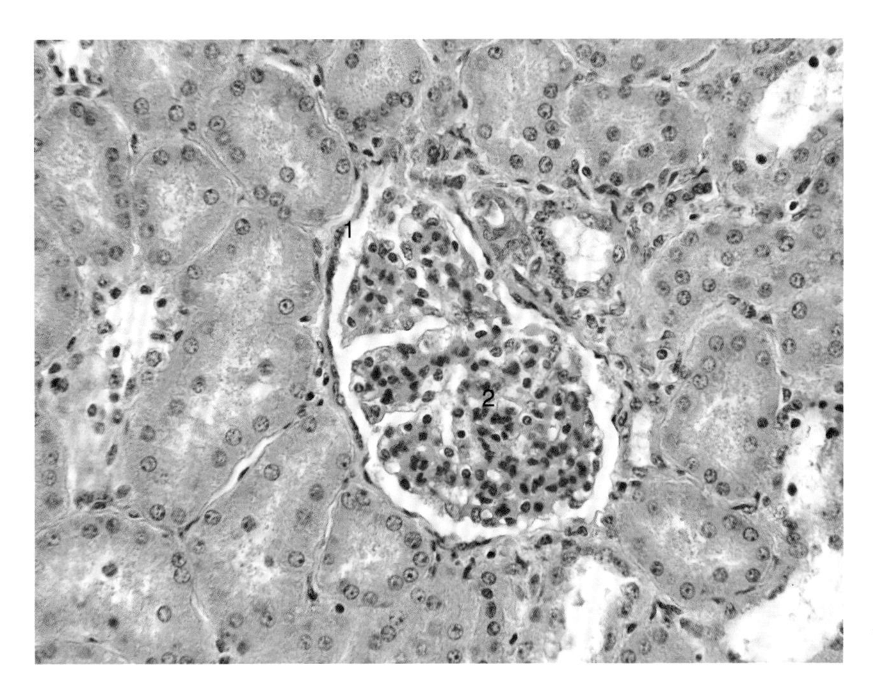

图2-2　单层扁平上皮（肾小体，HE　10×40）

1. 单层扁平上皮；2. 血管球

（二）单层立方上皮

切片：甲状腺切片，HE染色。

1. 肉眼观察

甲状腺呈扁椭圆形，染成粉色。

2. 低倍镜观察

可见许多甲状腺滤泡，由滤泡上皮细胞围成，大小不等，呈圆形、椭圆形或者不规则形；滤泡腔内充满胶体，它是滤泡上皮细胞的分泌物，主要成分是碘化的甲状腺球蛋白，呈均质嗜酸性。滤泡上皮与胶体之间常有浅染的空泡，有人认为是上皮细胞重吸收分泌物所致，也有可能是制作切片中的人工假象。滤泡间为结缔组织。

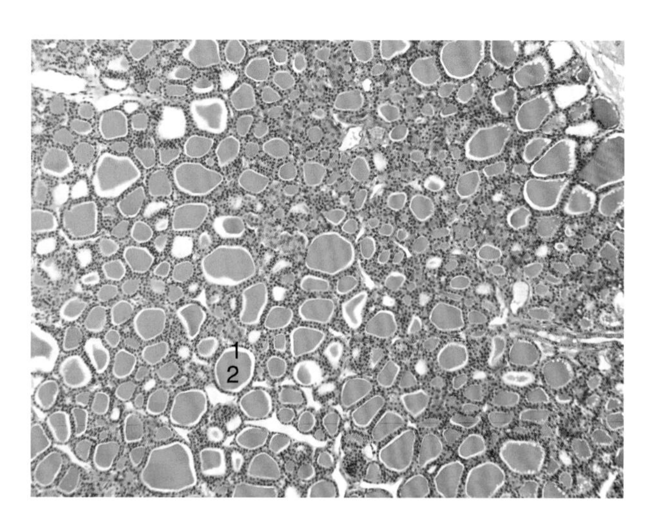

图2-3　甲状腺（HE　10×10）

1. 滤泡；2. 胶体

3. 高倍镜观察

滤泡上皮为单层立方上皮，细胞核圆，居中或靠基底部，染色质颗粒状，胞质为弱嗜碱性，滤泡上皮细胞是组成滤泡的主要细胞，通常为立方形，形状可随功能状态而变化，分泌功能活跃时细胞呈低柱状，反之细胞呈扁平状。

滤泡旁细胞也称C细胞，为甲状腺内另一种内分泌细胞，数量少，成群存在于滤泡间的疏松结缔组织中或单个散在滤泡上皮细胞之间，细胞较大，多为圆形或多边形，核圆形居中，胞质着色浅。滤泡间的结缔组织，称为甲状腺滤泡间质，其中可见胶原纤维、成纤维细胞核、并含有丰富的毛细血管。毛细淋巴管难以辨认。

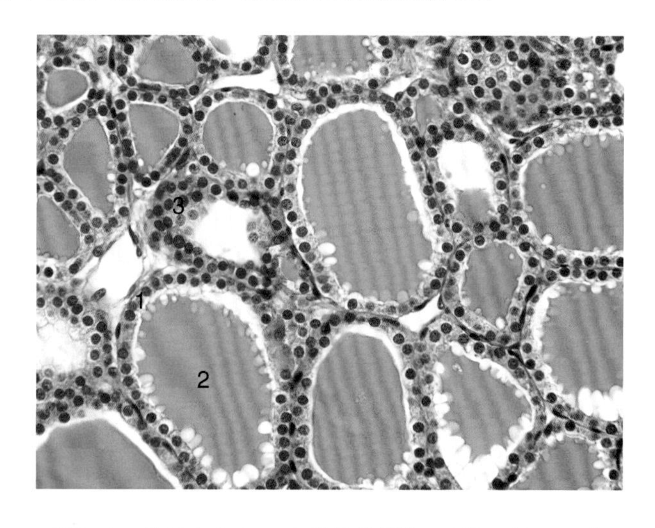

图2-4　单层立方上皮（甲状腺滤泡，HE　10×40）

1. 单层立方上皮；2. 胶体；3. 滤泡旁细胞

（三）单层柱状上皮

切片：小肠横切，HE染色。

1. 肉眼观察

小肠横切面一般呈圆形或椭圆形，中央的空腔为肠腔，自肠腔由内向外，管壁最内层呈蓝色的是黏膜，黏膜外呈淡红色的是黏膜下层，黏膜下层外呈深红色的是肌层，最外层淡红色的组织是浆膜。

2. 低倍镜观察

可见肠腔的四层结构，有指状突起的一面为黏膜，另一面为浆膜。先将四层看清楚，再在黏膜面选择一个结构清晰的小肠绒毛进一步详细观察。

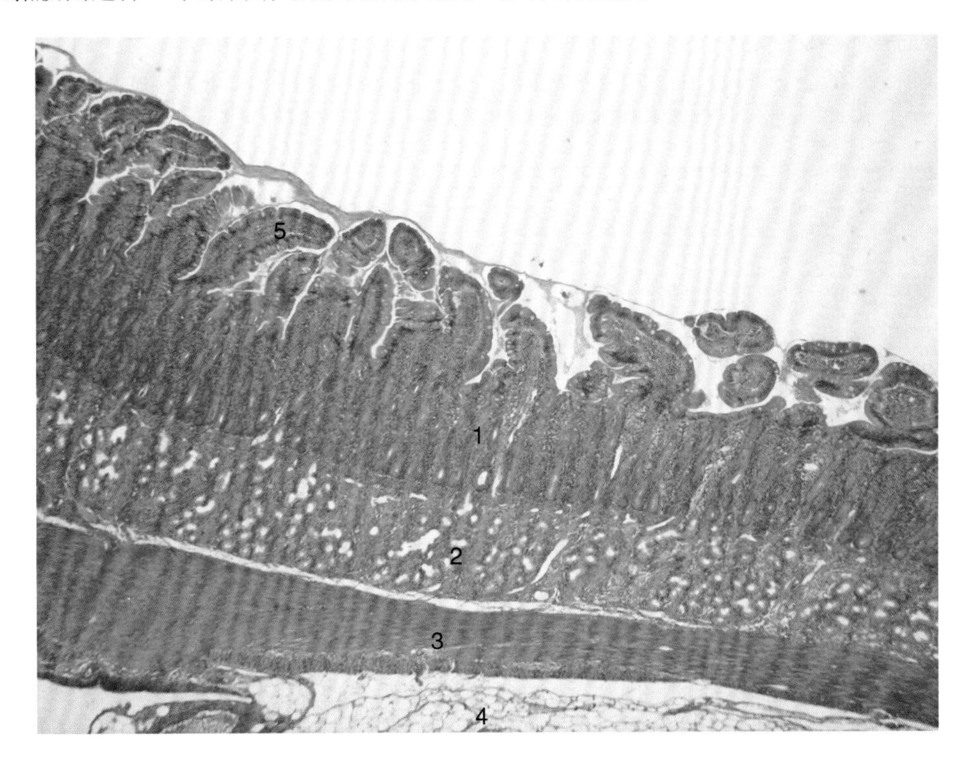

图2-5　十二指肠（HE　10×4）

1. 黏膜；2. 黏膜下层；3. 肌层；4. 外膜；5. 肠绒毛

3. 高倍镜观察

小肠绒毛表面可见一层柱状细胞，细胞游离面有一层红色致密层，即纹状缘；柱状细胞胞质淡染，胞界不清；胞核呈长椭圆形，与细胞长轴一致。柱状细胞之间还可见散在分布的形似高脚杯状，核小，位于基底部的杯状细胞，其顶部因含大量黏原颗粒而膨大成杯状，由于黏原颗粒不着色（或着淡蓝色）而呈空泡状或者泡沫状。

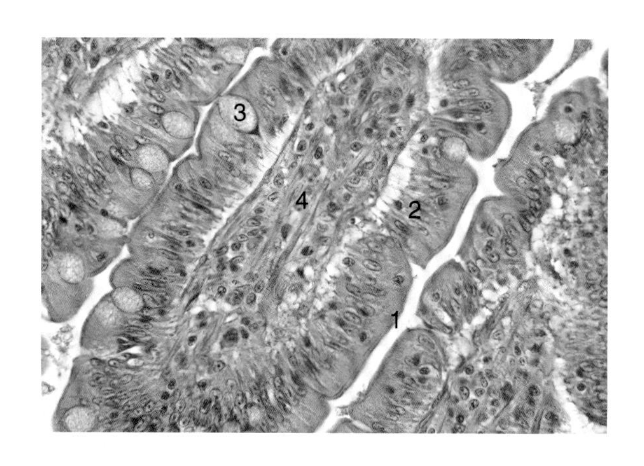

图2-6　单层柱状上皮（肠绒毛，HE　10×40）

1. 纹状缘；2. 柱状细胞；3. 杯状细胞；4. 结缔组织

（四）假复层纤毛柱状上皮

切片：气管切片，HE染色。

1. 肉眼观察

气管横切面呈环形，中央是气管管腔，腔面平整，周围呈红色的是管壁，管壁中深染的结构是透明软骨。

2. 低倍镜观察

可见气管壁的三层结构，黏膜层上皮位于管腔面，染色较深，清晰可见。黏膜下层为疏松结缔组织，内含气管腺。外膜最厚，由透明软骨和致密结缔组织构成。先将三层看清楚，再在黏膜面进一步仔细观察。

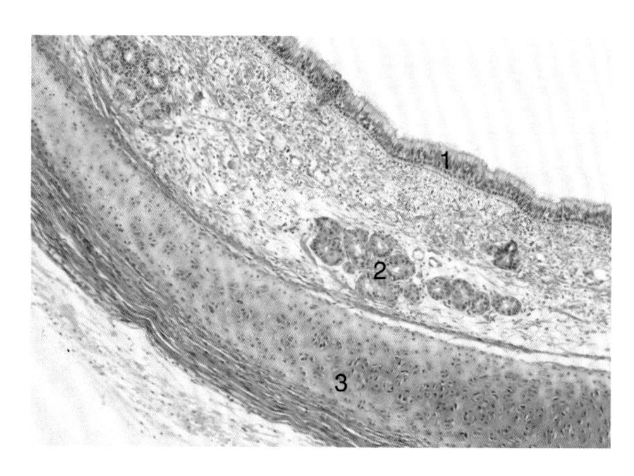

图2-7　气管（HE　10×10）

1. 黏膜；2. 黏膜下层；3. 外膜

3．高倍镜观察

黏膜层的上皮为假复层纤毛柱状上皮，基膜较明显；其柱状细胞呈高柱状，游离面有纤毛，细胞核位于细胞中部，染色深，柱状细胞之间有较多的杯状细胞，形似高脚杯，胞质内含有大量的黏原颗粒，在制片过程中，颗粒被溶解，故胞质染色浅，柱状细胞和杯状细胞的顶端均能达到上皮的游离面；锥形细胞较矮小，位于上皮深部，呈锥体形或三角形，胞质少，细胞核为圆形，染色深，位于细胞中央。由于上皮细胞之间分界不清，上皮细胞的高矮、形态不一，细胞核排列的位置参差不齐，故气管上皮似复层上皮，需注意仔细观察。

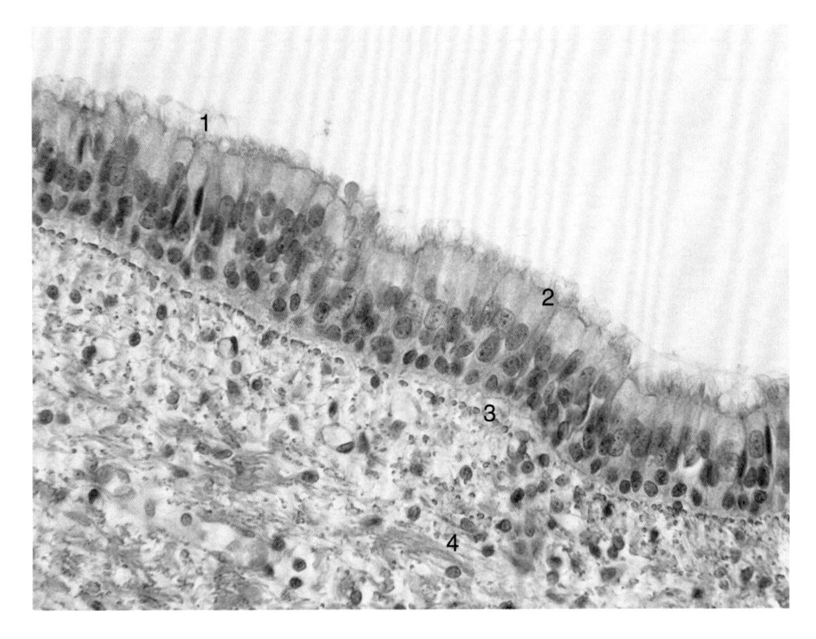

图2-8　假复层纤毛柱状上皮（气管黏膜，HE　10×40）

1. 纤毛；2. 游离面；3. 基底面；4. 结缔组织

（五）复层扁平上皮

切片：食管切片，HE染色。

1．肉眼观察

食管横切面呈椭圆形，黏膜向管腔突出形成数个皱襞，故管壁面凹凸不平；纵切面上黏膜的最内面染色较深，即为复层扁平上皮。

2．低倍镜观察

找到管腔面颜色深的即为复层扁平上皮，可见上皮厚，细胞层数多，上皮基底面凹凸不平，呈波浪状，上皮细胞大致有三种不同的形态。

3. 高倍镜观察

从游离面向基底面观察，上皮细胞可分三个层次，表层由数层扁平状的细胞构成，染色淡，胞核椭圆形，与上皮表面平行。中间层细胞大，层数多，由多边形或梭形的细胞构成，着色较浅，胞体较大，胞界清楚，胞核圆形或椭圆形，位于中央。基底层细胞呈立方形或矮柱状，位于基膜上，排列紧密，胞核椭圆形着色深，胞界不清，易与基膜下淡红色的结缔组织相区别。

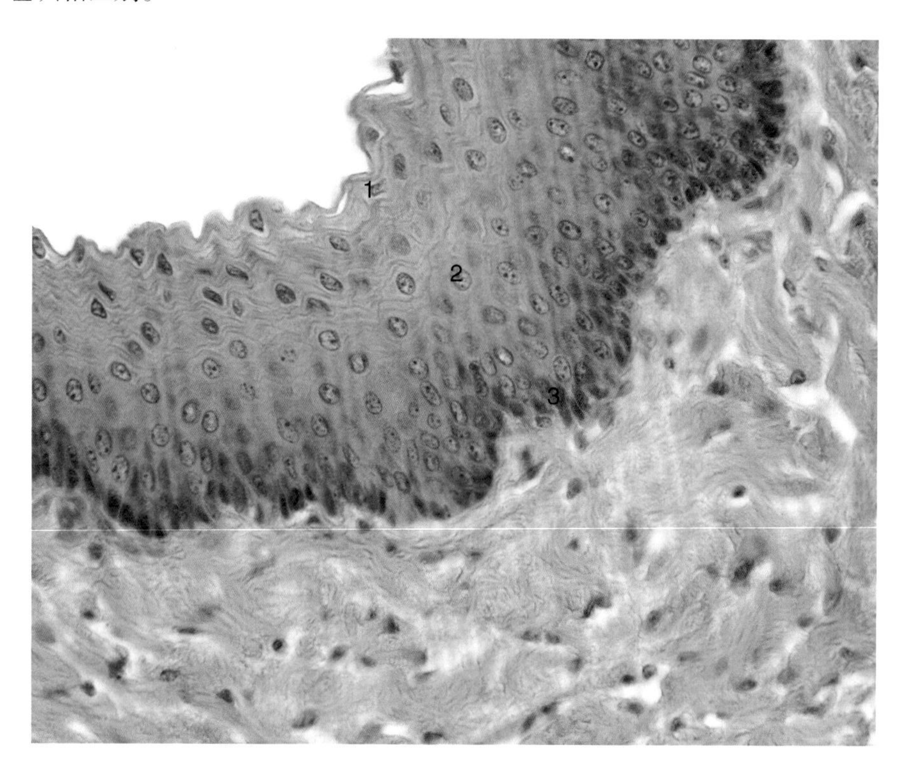

图2-9 复层扁平上皮（食管黏膜，HE 10×40）

1. 表层；2. 中间层；3. 基底层

（六）变移上皮

切片：膀胱，HE染色。

1. 肉眼观察

此片为膀胱的一部分。

2. 低倍镜观察

黏膜层有许多较大的皱褶，上皮较厚，细胞排列成多层，表层细胞较大，深层细胞较小。

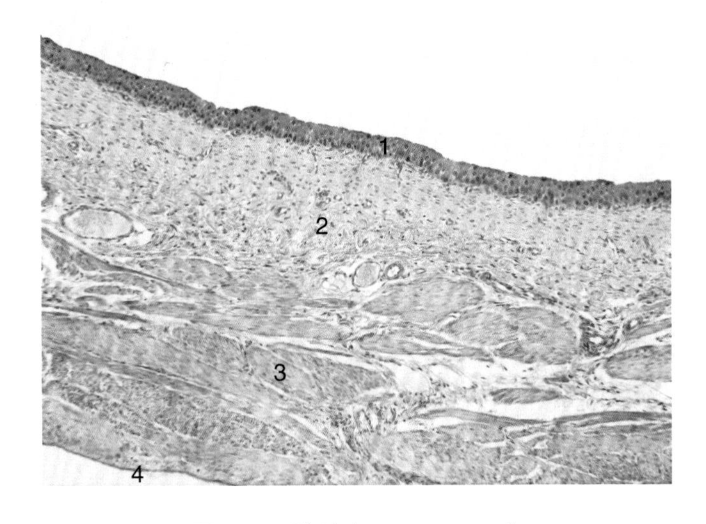

图2-10　膀胱（HE　10×10）

1. 变移上皮；2. 固有层；3. 肌层；4. 外膜

3．高倍镜观察

变移上皮的细胞层数和细胞形态可随膀胱的扩张和收缩而改变，可分为表层细胞、中间层细胞和基底细胞。当膀胱收缩时，膀胱壁的变移上皮增厚，由不同形态的4～6层细胞组成。表层细胞体积大，核圆呈双核，细胞质浓密，游离而隆起，称为盖细胞。盖细胞顶端的胞质浓缩而呈深红色，称壳层；中间层细胞稍小，多为梭形或倒梨形，有一个位于中央的圆形核，胞质染色淡而清亮；基底层细胞小，呈不规则立方形，排列较密，核圆色深。

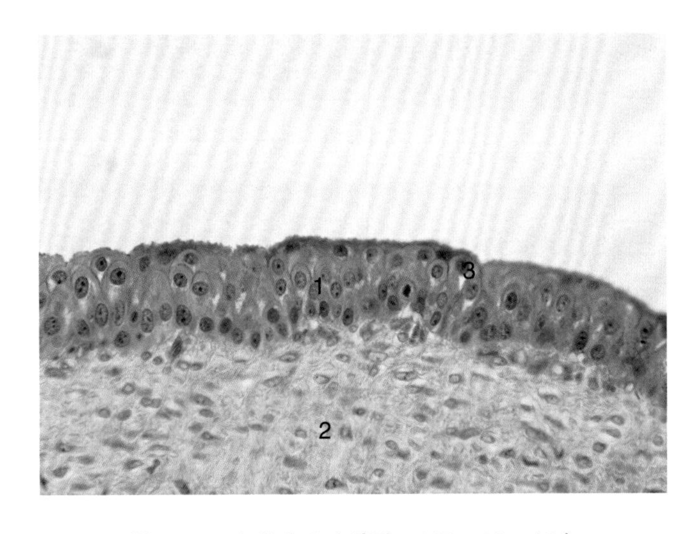

图2-11　变移上皮（膀胱，HE　10×40）

1. 变移上皮；2. 固有层；3. 盖细胞

（七）腺上皮

切片：胰脏（浆液腺），HE染色。

1. 低倍镜观察

腺实质被结缔组织分隔成为许多大小不等的区域，即为胰腺小叶；每个小叶内有许多染成紫红色的腺泡及导管的不同断面（外分泌部）；小叶间结缔组织内有较大的导管；腺泡之间的淡染区为胰岛。

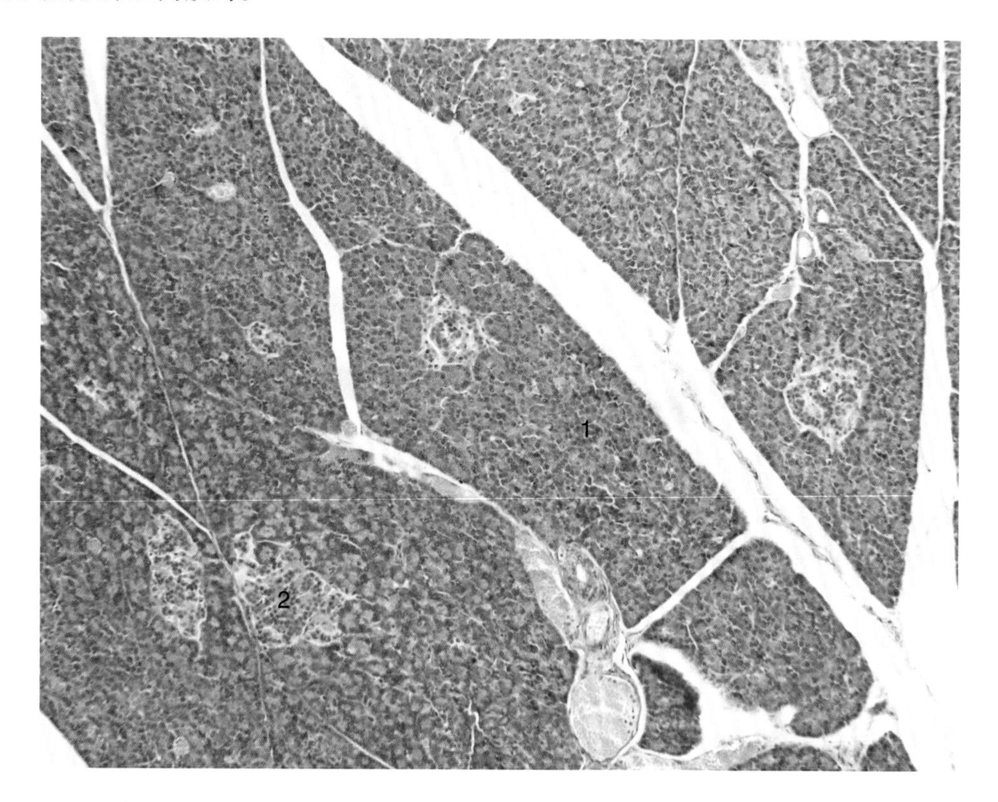

图2-12 胰腺（HE 10×10）

1. 外分泌部；2. 内分泌部（胰岛）

2. 高倍镜观察

腺泡为纯浆液性腺泡，腺细胞呈锥体形，核圆，近基底部，顶部胞质含嗜酸性颗粒，细胞基底部嗜碱性。腺泡腔中可见泡心细胞，其胞质少，着色淡，界限不清，只能看到一至数个浅染的细胞核；腺泡之间可找到闰管。腺泡之间散在的染色浅的细胞团称为胰岛，大小不等，形状不规则，细胞间有丰富的毛细血管。

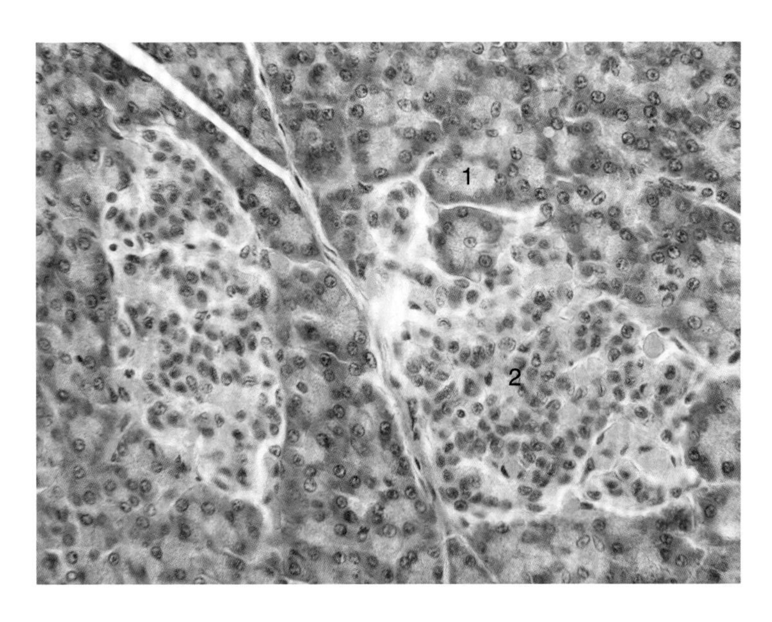

图2-13 胰腺（HE 10×40）

1. 浆液性腺泡；2. 胰岛

切片：舌下腺（黏液腺和混合性腺），HE染色。

1. 低倍镜观察

腺实质被结缔组织分隔成许多小叶，小叶由黏液性和混合性腺泡及导管构成，舌下腺半月状细胞较多，无闰管，纹状管较短。

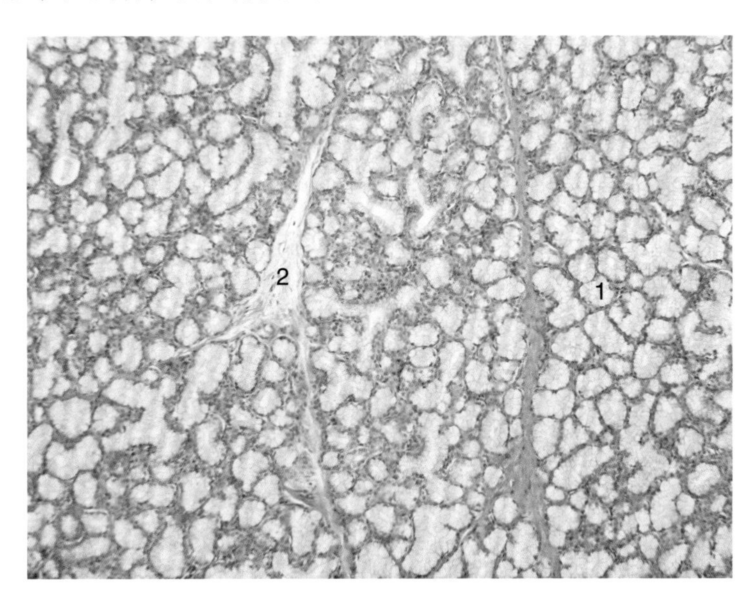

图2-14 舌下腺（HE 10×10）

1. 腺泡；2. 结缔组织

2. 高倍镜观察

黏液性腺泡由黏液性腺细胞构成，细胞锥体形或立方形，核扁圆，位于细胞基底部，胞浆染色浅，呈浅蓝色；混合性腺泡以黏液性腺细胞为主，几个浆液性腺细胞位于腺底部，呈半月状，称为浆半月。

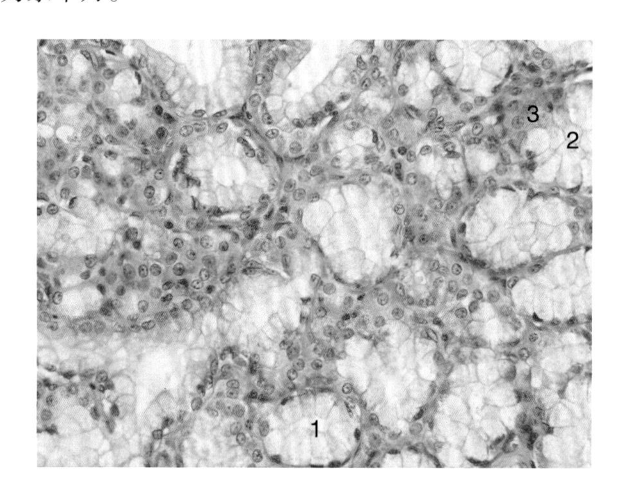

图2-15 舌下腺（HE 10×40）

1. 黏液性腺泡；2. 混合型腺泡；3. 浆半月

三、作业

（1）高倍镜下绘图：示单层柱状上皮。

标注：纹状缘、柱状细胞、杯状细胞、细胞核、基底面。

（2）高倍镜下绘图：示变移上皮。

标注：盖细胞、游离面、基底面。

（3）高倍镜下绘图：示复层扁平上皮。

标注：表层、中间层、基底层。

四、思考题

（1）上皮组织的基本结构特征及其分类依据。

（2）光镜下的纹状缘是电镜下的什么结构？

（3）复层扁平上皮和变移上皮的结构特征？

（4）在切片上如何区分被覆上皮与其他组织。

第三章

结缔组织

结缔组织由细胞和大量细胞间质构成。细胞间质包括基质、纤维和不断循环更新的组织液，细胞散在于细胞间质内。结缔组织均来源于间充质。根据各种细胞和细胞间质的不同组合，广义的结缔组织可分为下列不同类型。

（1）固有结缔组织：包括① 疏松结缔组织，② 致密结缔组织，③ 脂肪组织，④ 网状组织。

（2）支持组织：包括① 软骨组织，② 骨组织。

（3）液态结缔组织：血液。

一般所说的结缔组织仅指固有结缔组织而言。结缔组织在体内分布广泛，具有连接、充填、支持、营养、修复和保护等功能。

疏松结缔组织又称蜂窝组织，其特点是细胞种类较多，纤维较少且排列疏松，基质呈无定型胶质状：① 细胞由相对恒定的固有型（成纤维细胞、纤维细胞、脂肪细胞、未分化的间充质细胞）和可运动的游走型细胞（巨噬细胞、浆细胞、肥大细胞和从血液游走至此的白细胞）组成。成纤维细胞体扁平多突，核大染色浅，胞质弱嗜碱性，电镜下，胞质内富含粗面内质网、游离核糖体和发达的高尔基复合体，具有合成纤维与基质的功能。纤维细胞为处于静止状态的成纤维细胞，胞体长梭形，核小深染，结缔组织再生时能再转变为成纤维细胞。巨噬细胞又称组织细胞，是由血液中的单核细胞穿出血管后发育分化而成，胞体形态不规则，胞质含空泡或者异物颗粒，电镜下，胞质内含有大量溶酶体，具有趋化性定向运动、吞噬、分泌多种生物活性物质、参与和调节机体免疫应答等功能。浆细胞来源于B细胞，电镜下，胞质内含有丰富的粗面内质网、游离核糖体和发达的高尔基复合体，具有合成、贮存与分泌免疫球蛋白的功能，参与体液免疫应答。肥大细胞胞质内充满异染颗粒，电镜下，颗粒有单位膜包裹，内含细胞合成的组胺、嗜酸性粒细胞趋化因子和肝素等多种生物活性介质，白三烯不在颗粒内贮存。肥大细胞与变态反应密切相关；脂肪细胞多沿着小血管单个或成群分布，具有合成与贮存脂肪，参与脂质代谢的功能；未分化的间充质细胞是成体结缔组织内较原始的细胞，形态与成纤维细胞相似，仍保持着间充质细胞的分化潜能；白细胞是由毛细血管和微静脉穿出迁移至此，以嗜酸性粒细胞、淋巴细胞、中性粒细胞多见。② 纤维主要由胶原纤维、弹性纤维和网状纤维组成。用银浸染色，网状纤维呈黑色，故又称为嗜银纤维。③ 构成基质的成分主要包括蛋白多糖和糖蛋白等生物大分子物质，常规HE染色切片上没有明显的结构特征。组织液是从毛细血管动脉端渗入基质内的液体，除水分外，其中还溶解无机盐、葡萄糖、维生素、激素等一些小分子物质。

致密结缔组织是一种以纤维为主要成分的固有结缔组织，基质和细胞很少。机体内还有一些结缔组织，纤维细密，细胞种类和数量较多，常称为细密结缔组织。根据纤维的性质和排列方式，致密结缔组织可分为：① 规则的致密结缔组织，常见于肌腱和肌膜。② 不规则的致密结缔组织，见于真皮、脑硬膜、巩膜和许多器官的被膜等。粗大的胶原纤维彼此交织排列成致密的板层结构，细胞成分为成纤维细胞。③ 弹性组织，以弹性纤维为主，粗大的弹性纤维或平行排列成束，如项韧带、黄韧带；或者编织成膜，如大动脉的中膜。

脂肪组织由大量的脂肪细胞构成，被疏松结缔组织分隔成小叶。根据脂肪细胞结构与功能的不同，脂肪组织分为黄（白）色脂肪组织和棕色脂肪组织。

网状组织由网状细胞、网状纤维与基质构成。体内没有孤立单独存在的网状组织，它是造血器官和淋巴器官的基本组成成分。

软骨由软骨组织和其周围的软骨膜构成。软骨组织由软骨细胞、纤维和基质构成。根据软骨组织内含有的纤维不同，可将软骨分为透明软骨、纤维软骨和弹性软骨三种。所含纤维分别为胶原原纤维、胶原纤维束和弹性纤维。

骨由骨组织、骨膜及骨髓构成。骨组织由大量钙化的细胞间质（称作骨基质）和数种细胞构成：① 骨基质由有机成分和无机成分构成，含水分极少。有机成分由成骨细胞分泌形成，包括大量的胶原纤维和少量无定型基质。无定型基质为凝胶，内含糖胺多糖及两种钙结合蛋白。无机成分又称为骨盐，主要为羟磷灰石结晶。骨基质结构呈板层状，称为骨板，同一骨板内纤维交互平行，相邻骨板内的纤维则相互垂直。② 细胞成分由埋于骨基质内、数量最多的骨细胞和位于骨组织边缘的骨原细胞、成骨细胞和破骨细胞组成。骨细胞胞体位于骨陷窝内，细长突起伸入骨小管内，胞内细胞器少，它对维持骨组织完整性和血钙恒定水平有一定的作用；骨原细胞胞体小且呈梭形，胞质弱嗜碱性，能分裂、分化为成骨细胞；成骨细胞胞体内粗面内质网丰富，高尔基复合体发达，具有合成与分泌骨基质有机成分即类骨质的功能；破骨细胞是由多个多核细胞融合而成的单核大细胞，无分裂能力，贴近骨基质一侧有许多微绒毛形成的皱褶缘，胞质内含有大量线粒体、溶酶体及吞噬泡，具有溶解和吸收骨基质的作用。

血液是由结缔组织派生的流体组织，由血浆和血细胞组成，约占体重的7%。血浆相当于结缔组织的细胞间质，其中90%是水，其余为血浆蛋白（白蛋白、球蛋白、纤维蛋白原）、脂蛋白、脂滴、无机盐、激素、酶、维生素和各种代谢产物。血液流出血管后，溶解状态的纤维蛋白原转变为不溶解状态的纤维蛋白，凝固成血块，血块静置后析出的淡黄色清亮液体为血清；血细胞包括：红细胞、白细胞和血小板。白细胞为有核的球形细胞，根据胞质有无特殊颗粒，将其分为有粒白细胞和无粒白细胞。有粒白细胞又根据其嗜色性，分为中性粒细胞、嗜酸性粒细胞和嗜碱性粒细胞。无粒白细胞包括单核细胞和淋巴细胞。血细胞胞体的形态和血细胞的分类与计数的变化往往是机体健康与疾病的反映。

各种血细胞都有自己的寿命，他们不断地衰老和死亡，同时又不断地新生，使外周血液细胞不断地得到补充。

一、实验目的

（1）掌握结缔组织的结构特点、分类及分布。

（2）掌握疏松结缔组织各种细胞成分的结构特点、纤维和基质的组成。

（3）了解致密结缔组织、脂肪组织和网状组织的基本结构。

（4）掌握透明软骨的结构，了解弹性软骨和纤维软骨的结构特点。

（5）掌握骨组织的结构特点、长骨骨密质结构、软骨内成骨过程和骨的改建。

（6）了解血涂片制作过程，掌握各种血细胞的形态结构。

二、实验内容

（一）疏松结缔组织

装片：疏松结缔组织，HE染色。

低倍镜观察

疏松结缔组织的结构疏松，质地柔软，形似蜂窝，故又称为蜂窝组织。装片可见，细胞种类多但分散。间质由无定型的基质和有形的纤维组成。纤维根据其形态特征和理化特性可分为胶原纤维、弹性纤维和网状纤维。胶原纤维在HE染色切片中呈淡红色，网状纤维呈棕黑色。

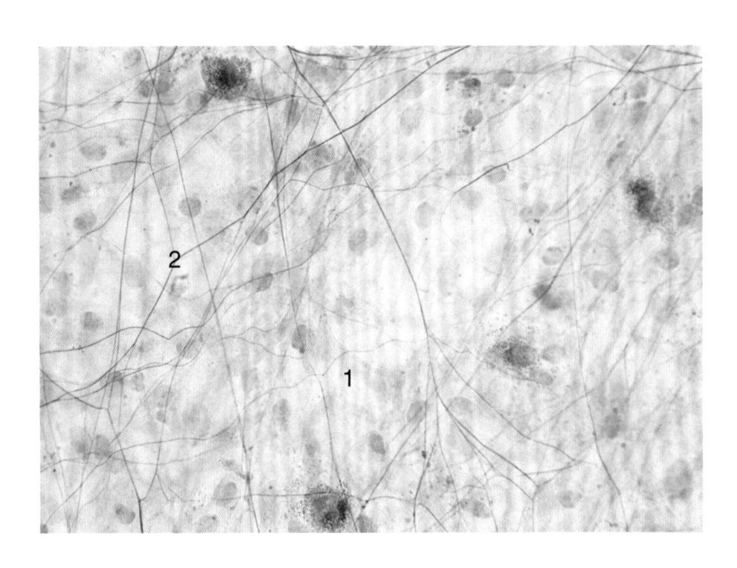

图3-1　疏松结缔组织（HE　10×40）

1. 胶原纤维；2. 弹性纤维

（二）致密结缔组织

切片：肌腱，HE染色。

1. 肉眼观察

团块状是肌腱的横切面。

2. 低倍镜观察

在横切面上，胶原纤维束为大小不等的块状物，纤维束之间蓝紫色点状结构为腱细胞核。

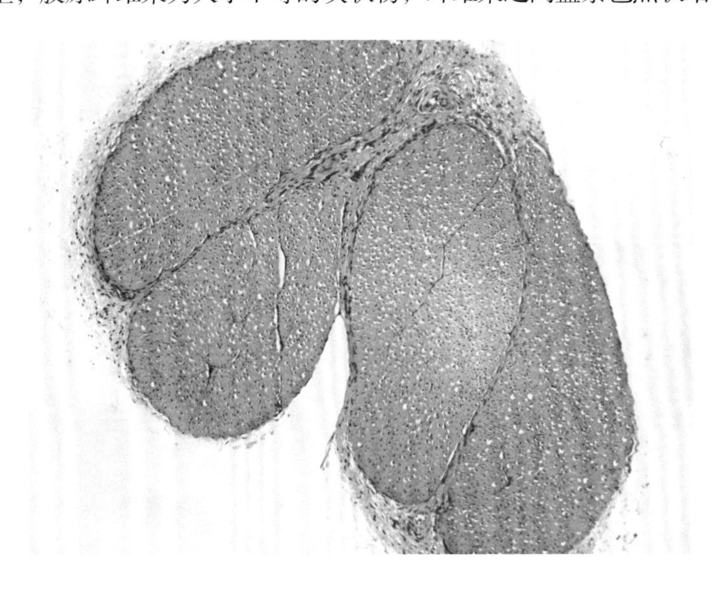

图3-2　致密结缔组织（HE　10×10）

3．高倍镜观察

横切面上，腱细胞呈星状，胞体伸出突起插入纤维束之间，胞质少，呈弱嗜碱性。核椭圆形或圆形。

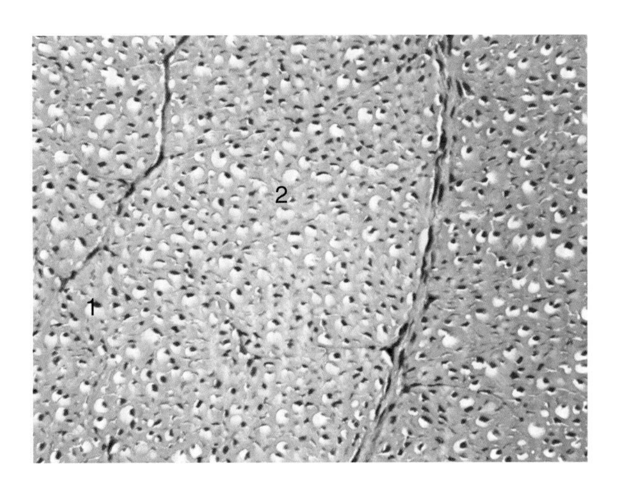

图3-3　致密结缔组织（HE　10×40）

1. 腱细胞；2. 胶原纤维

（三）脂肪组织

切片：脂肪，HE染色。

1．低倍镜观察

在致密结缔组织的下方，找到染色较浅的皮下组织，可见成群的白色空泡状细胞，即为脂肪细胞。群集的脂肪细胞被疏松结缔组织分隔成许多小叶。

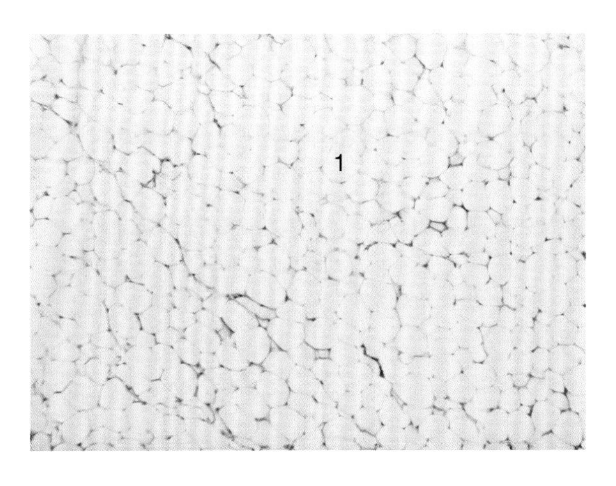

图3-4　脂肪组织（HE　10×10）

1.脂肪细胞

2．高倍镜观察

脂肪细胞呈椭圆形或多边形。胞质内含有一大空泡，为制作标本时被酒精所溶去的脂滴遗迹，胞质呈薄层，位于细胞边缘，包绕脂滴。胞核扁圆形，被脂滴挤到细胞内一侧。小叶间疏松结缔组织中可见成纤维细胞核，呈梭形，染蓝紫色。

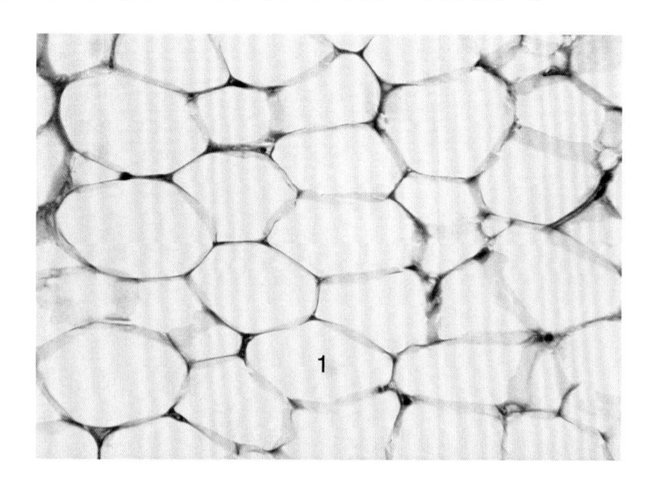

图3–5　脂肪组织（HE　10×40）

1. 脂肪细胞

（四）网状组织

切片：淋巴结，镀银。

1．低倍镜观察

网状组织分布于骨髓、脾脏、肝脏和淋巴结等造血器官和免疫器官内，构成血细胞和淋巴细胞发育的微环境。

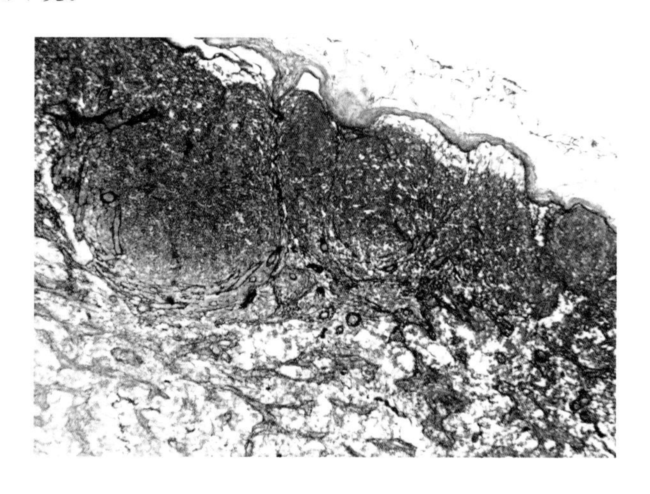

图3–6　网状组织（淋巴结，镀银　10×10）

2. 高倍镜观察

网状组织由网状细胞及其产生的网状纤维和基质构成。细胞成分主要是网状细胞，在网眼内还有少量巨噬细胞、肥大细胞、淋巴细胞、浆细胞和脂肪细胞等。网状细胞属于一种分化程度较低的成纤维细胞，形态与间充质细胞相似，分布在由网状纤维构成的网架上。网状纤维的形态特点是细短而卷曲成网，且数量较多。

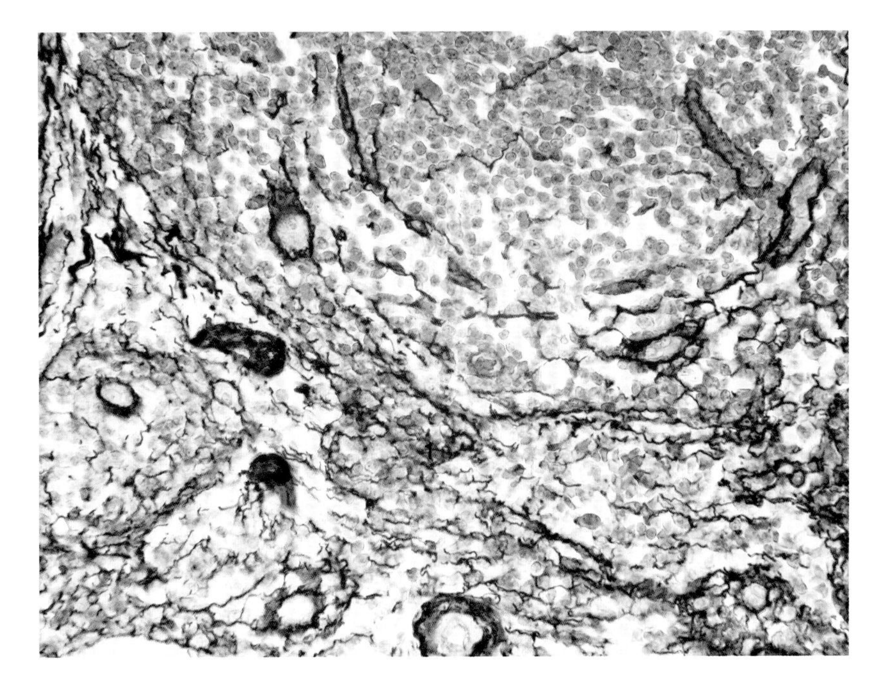

图3-7　网状组织（淋巴结，镀银　10×40）

1. 网状纤维

（五）透明软骨

切片：气管，HE染色。

1. 肉眼观察

气管横切面为圆环形，其中蓝色的半环即是透明软骨。

2. 低倍镜观察

在气管横切面上，可见：① 气管壁内有一个很厚的未封闭的蓝色环状结构，为透明软骨；② 透明软骨表层的浅红色致密结缔组织为软骨膜；③ 软骨细胞分布在蓝色基质内。

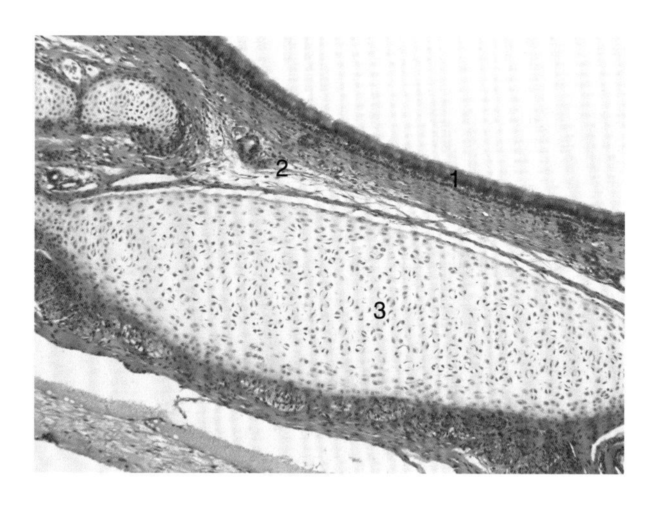

图3-8 透明软骨（气管，HE 10×10）

1. 黏膜；2. 黏膜下层；3. 外膜（含透明软骨）

3. 高倍镜观察

软骨组织内可见：

① 软骨细胞大小不一、核椭圆，胞质弱嗜碱性，位于基质的陷窝内。近软骨膜处细胞体积较小，呈扁圆形，单个分布。深部细胞变圆，2～8个成群分布（称为同源细胞群）。

② 细胞周围的基质因含硫酸软骨素较多，故呈强嗜碱性，染成蓝色，称为软骨囊。生活状态时，软骨细胞充满整个软骨陷窝。制片时，因细胞收缩成不规则形，软骨囊与细胞间出现空隙。

③ 细胞间质含基质和胶原原纤维，因二者折光率相近，故细胞间质呈淡蓝色均质状。

④ 软骨膜浅层纤维多，细胞少。深层纤维少，细胞成分较多。

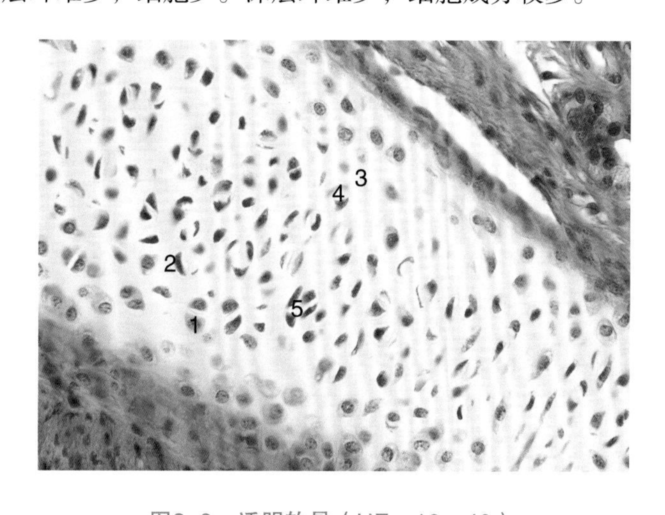

图3-9 透明软骨（HE 10×40）

1. 软骨细胞；2. 软骨囊；3. 基质；4. 软骨陷窝；5. 同源细胞群

（六）弹性软骨

1. 肉眼观察

切面呈长条状，中央染色深处为弹性软骨。

2. 低倍镜观察

① 外周为皮肤，其表面为角质化的复层扁平上皮。
② 中央部分为切成长条状的弹性软骨。

3. 高倍镜观察

弹性软骨与透明软骨结构基本相似。

① 与透明软骨不同之处，只是软骨基质内有许多染成黑色的弹性纤维交织成网。一般在软骨中央部分的纤维粗而多，边缘部分细而少，并直接与软骨膜的弹性纤维相连。

② 此法主要显示弹性纤维，细胞染色较淡。细胞周围的空白区为软骨陷窝的空隙。

（七）纤维软骨

1. 低倍镜观察

胶原纤维束染成浅红色。软骨细胞位于胶原纤维束之间。因纤维软骨是透明软骨与致密结缔组织之间的一种过渡形式，故没有明显的软骨膜。

2. 高倍镜观察

① 大量胶原纤维束呈平行或交错排列。

② 软骨细胞较少而小，可单独、成对或成行排列于纤维束之间。软骨细胞周围或一侧着色较淡，是软骨陷窝的空隙。

③ 软骨基质少，且糖胺多糖含量很低，除紧靠软骨陷窝周围外，基质的嗜碱性均不如透明软骨明显。

（八）哺乳动物血涂片

涂片：哺乳动物，瑞氏染色。

1. 低倍镜观察

① 大量粉红色圆形小体即是红细胞。

② 红细胞间散布的少量胞体较大、圆形、核染成蓝紫色的细胞即是白细胞。选择涂片涂抹较薄且均匀处，转换高倍镜或者油镜进一步观察。

2. 高倍镜（油镜）观察

① 红细胞：数量最多。胞体圆形，体积小，无细胞核。细胞染成红色，中央浅，边

缘深，这是由于细胞呈双凹圆盘状，边缘厚，中央较薄的缘故。有时可见几个红细胞连在一起，侧面似串钱状。有时见红细胞边缘为不整齐桑葚状，则是涂片处理不当的缘故。

② 中性粒细胞：占白细胞总数的50%～70%，细胞体积较红细胞大，核形态多样，有的呈腊肠状，称为杆状核；有的为分叶状（一般2～5叶，以2～3叶者居多），叶间有染色质细丝相连，称为分叶核。胞质内有许多细小浅紫色及淡红色颗粒。

③ 嗜酸性粒细胞：数量少，占白细胞总数的0.5%～3%。细胞体积较中性粒细胞稍大，核常为两叶，胞质中充满粗大、均匀、略带折光性的嗜酸性颗粒。

④ 嗜碱性粒细胞：数量最少，占白细胞总数的0～1%，故很难找到。细胞体积与中性粒细胞相似，胞核分叶或呈S形及不规则形，着色较浅。胞质内含有大小不等、分布不均的蓝紫色嗜碱性颗粒。核常被颗粒所遮盖。

⑤ 单核细胞：数量较少，占白细胞总数的3%～8%，细胞体积最大。胞核呈卵圆形、肾形、马蹄形或不规则形，常偏位，染色质颗粒细而分散，故着色浅。胞质呈弱碱性，染成灰蓝色，内含许多细小的嗜天青颗粒。

⑥ 淋巴细胞：占白细胞总数的20%～30%，小淋巴细胞数量最多，体积与红细胞大小相当。细胞核圆形，染色质致密呈块状，染色深，一侧常有小凹陷。胞质很少，在核周成一窄缘，嗜碱性，染成蔚蓝色，含少量嗜天青颗粒；中淋巴细胞体积稍大，核椭圆形，染色质较疏松，染色较浅。胞质较多，也可见少量嗜天青颗粒；大淋巴细胞罕见。

⑦ 血小板：体积小，为不规则的浅蓝色胞质小块，中央有紫红色的细粒。血小板常聚集成群，分布于红细胞之间。

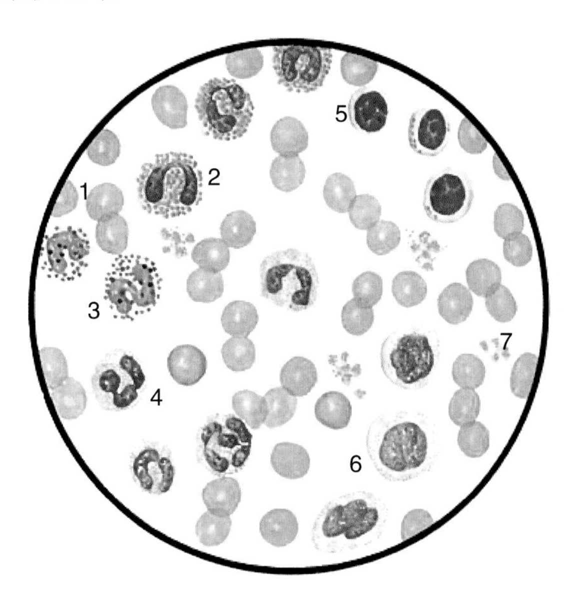

图3-10　哺乳动物血涂片模式图

1. 红细胞；2. 嗜酸性粒细胞；3. 嗜碱性粒细胞；4. 嗜中性粒细胞；5. 淋巴细胞；6. 单核细胞；7. 血小板

（九）禽类血涂片

涂片：家禽，瑞氏染色。

1. 低倍镜观察

① 大量卵圆形小体即是红细胞。

② 红细胞间散布的少量胞体较大、圆形、核染成蓝紫色的细胞即是白细胞。选择涂片涂抹较薄且均匀处，转换高倍镜或者油镜进一步观察。

2. 高倍镜（油镜）观察

① 红细胞：数量最多。胞体椭圆形，核椭圆形。胞质嗜酸性，核嗜碱性。

② 异嗜性粒细胞：相当于哺乳动物的中性粒细胞。其形态呈圆球形，核多分叶，胞质呈弱嗜酸性，内有许多呈杆状或纺锤形的嗜酸性颗粒（鸭的颗粒呈圆形），染成暗红色。

③ 凝血细胞：相当于哺乳动物血小板，但有完整的细胞构造，形态与红细胞相似，常三五成群聚集在一起。胞体呈椭圆形，内有一个椭圆形或近似圆形的细胞核，位于细胞中央，染色质致密，胞质呈弱嗜碱性，内有少量嗜天青颗粒。

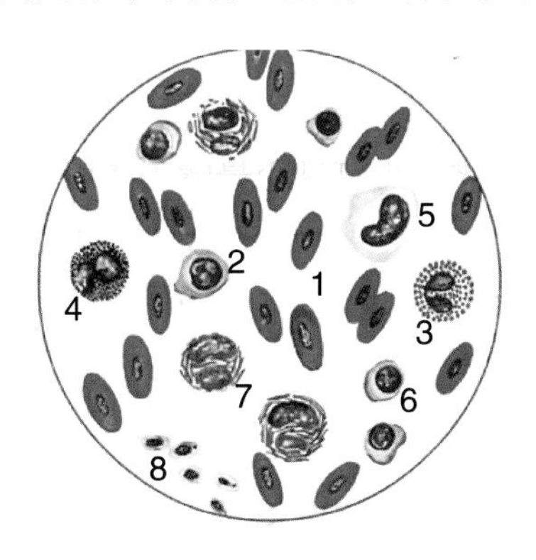

图3–11　禽类血涂片模式图

1. 红细胞；2. 淋巴细胞；3. 嗜酸性粒细胞；4. 嗜碱性粒细胞；
5. 单核细胞；6. 淋巴细胞；7. 异嗜性粒细胞；8. 凝血细胞

附：血涂片制备操作步骤。① 采血：采血之前先揉搓采血部位，家畜可选用耳尖部，人可选用耳垂或指尖，使之血流旺盛，用酒精消毒皮肤，待干。以左手拇指或食指夹持局部，再用酒精消毒过的刺血针刺之，血液自然流出，若血流不畅，可轻轻挤压。② 涂片：沾一滴血于干净的载玻片右端，另用一载玻片作为推片之用。将此推片的末端斜置于第一块载玻片上的血滴左端，成30°～40°。将推片稍微后退，使之与血滴接触，这样血液即向推片末端的两边伸展，并在两载玻片之间斜角中充满，此时把推片向前推动，血液随推片而行，就成了血涂片。③ 染色：待血片干燥后，滴数滴瑞氏染色液在血涂片上，使血片全部被染色液淹盖。约1min后，滴加相当于染液1.5倍量的缓冲液，加好后立即用洗耳球轻轻吹，将两液吹匀。静置10～15min，用蒸馏水洗去染液，待干后，可用来观察。④ 注意事项：推片时应保持一定的速度和两片间的角度，要连续推进，不要中断。血片的厚薄，可由血滴的大小、推片速度和两片间的角度大小来调节。血滴小，推进速度慢，推片角度小，则涂片薄；反之则厚，厚的涂片适用于做白细胞分类，因为容易找到白细胞。

三、作业

（1）高倍镜下绘图：示透明软骨局部。

标注：软骨细胞、基质、软骨囊、软骨陷窝、同源细胞群。

（2）高倍镜下绘图：示哺乳动物（禽类）血细胞。

标注：红细胞、嗜中性粒细胞（异嗜性粒细胞）、嗜酸性粒细胞、嗜碱性粒细胞、淋巴细胞、单核细胞、血小板（凝血细胞）。

四、思考题

（1）简述疏松结缔组织的细胞成分、结构和功能。

（2）简述各种血细胞的形态结构特征与生理功能。

（3）结缔组织中哪些细胞与机体免疫有关？各起什么作用？

（4）简述存在于坚硬的骨基质中的骨细胞获得营养的途径。

（5）比较哺乳动物和禽类红细胞及各种白细胞的结构特点。

第四章

肌组织

肌组织能够收缩，是躯体和内脏运动的动力组织。肌组织由大量的肌细胞和少量的结缔组织构成。结缔组织内含有较多的血管、淋巴管和神经，构成肌组织的间质成分。肌细胞呈细长纤维状，又称为肌纤维，肌纤维是肌组织中的细胞成分。根据其结构和功能特点，可将肌组织分为三类：骨骼肌、心肌和平滑肌。

骨骼肌由长圆柱形的多核细胞组成。光镜下观察，细胞质由肌膜包绕。多个细胞核位于肌膜下。胞浆中有许多平行排列的肌原纤维，在肌原纤维的横断面上，肌原纤维呈点状；在纵切面上，肌原纤维呈细丝状，在较好的组织学标本中可以分辨。每条肌原纤维由明带和暗带相间排列组成，许多肌原纤维的明、暗带相应地排列在同一平面上。因此，肌纤维呈现明、暗相间的横纹。横纹是骨骼肌纤维的重要组织学特点，故骨骼肌又称为横纹肌。电镜观察显示，肌原纤维由肌丝构成，肌丝有两种：粗肌丝和细肌丝。粗、细肌丝有规律地排列，构成肌原纤维的明带和暗带。骨骼肌主要借肌腱附着在骨骼，也可见于面部、眼球、舌咽、食管上端等处。

心肌位于心脏和大血管根部。心肌纤维呈短柱状，有分支且互相连接。相邻心肌纤维连接处称为闰盘。心肌纤维也有横纹，但不如骨骼肌横纹那么明显。单个卵圆形的细胞核位于心肌纤维中央，核周围胞浆丰富。电镜下观察，闰盘由相邻细胞膜之间的连接复合体相连而成，故心肌纤维明显不同于骨骼肌，前者首尾相连，后者是单一的原生质单位。

平滑肌由细长的梭形细胞组成，单个杆状细胞核位于细胞中央。平滑肌多位于内脏器官壁上，因此，又称为内脏肌。平滑肌纤维可单独存在，但多数排列成束或成层。在同一束或层内，肌纤维平行排列，相邻两层或两束肌纤维排列方向可不同。例如，小肠肌层中，两层平滑肌纤维互成直角排列。

一、实验目的

（1）通过观察切片，掌握肌组织及肌肉的构成。

（2）掌握骨骼肌、心肌和平滑肌的光镜结构，区分其纵切面及横切面上的形态特点。

（3）掌握骨骼肌、心肌的超微结构。

（4）了解骨骼肌纤维的收缩原理。

二、实验内容

（一）骨骼肌

切片：骨骼肌，HE染色。

1. 肉眼观察

长条状的组织块是骨骼肌纵切面，不规则的圆块是横断面。

2. 低倍镜观察

① 纵切面：骨骼肌纤维呈细长带状，互相平行排列。

② 横切面：骨骼肌纤维呈圆形或多边形，许多肌纤维平行排列，聚集成束，其周围包有结缔组织，即肌束膜。

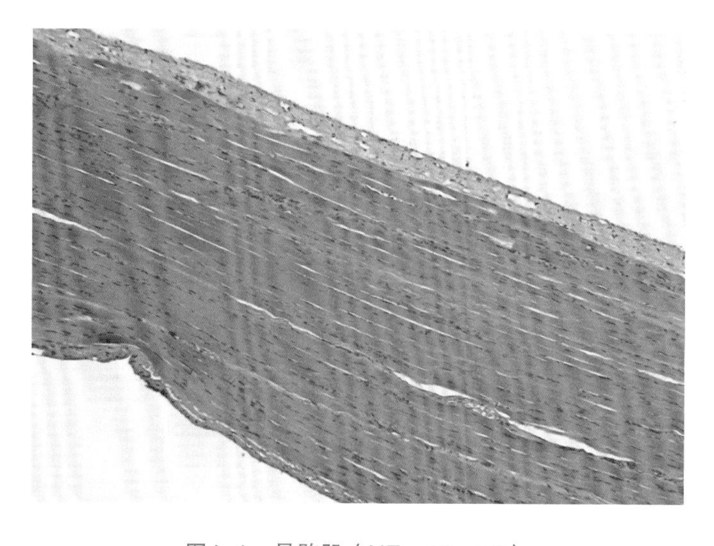

图4-1　骨骼肌（HE　10×10）

3. 高倍镜观察

① 纵切面：肌纤维边缘，紧贴肌膜内面，有许多卵圆形的细胞核，其长轴与肌纤维长轴平行排列，注意不要与周围结缔组织细胞核混淆。肌原纤维沿肌纤维的长轴平行排列。虽然每一条肌原纤维不甚明显，但相邻肌原纤维的明带和暗带相互重叠，使肌纤维呈现明暗相间的横纹。将视野调暗，横纹会更加明显。染色深的部位为暗带，染色浅的部位为明带。肌纤维之间有少量致密结缔组织，内含丰富的毛细血管。片中可见排列成串的红细胞，位于毛细血管中。

② 横切面：肌纤维呈圆形或多边形，细胞核位于周边，紧贴肌膜分布，肌原纤维呈点状，染成红色。肌纤维之间的空白裂隙较宽，是制片过程中细胞收缩所致。

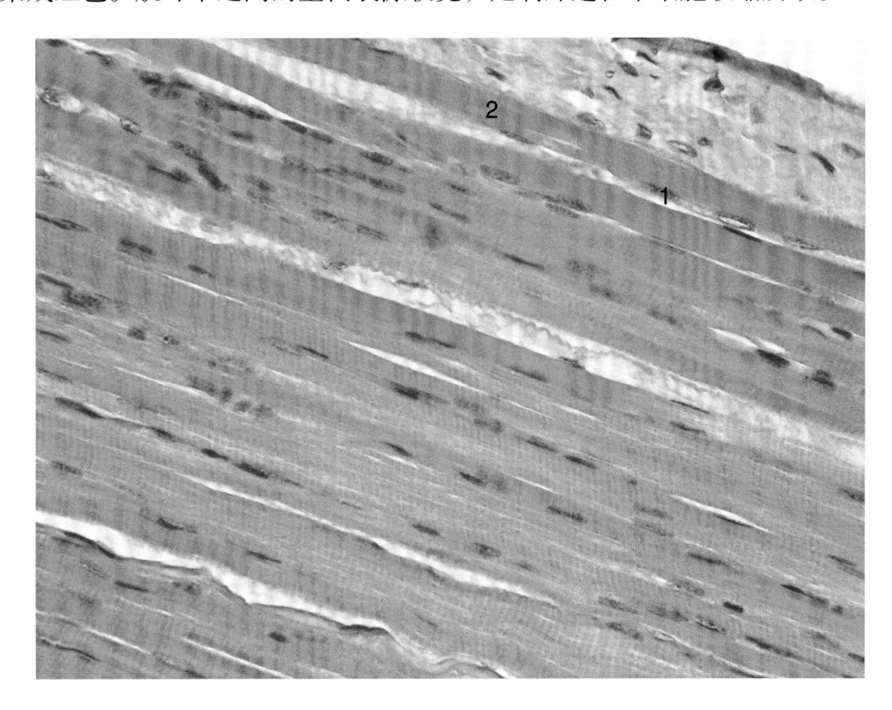

图4-2　骨骼肌（HE　10×40）

1. 细胞核；2. 肌纤维

（二）心肌

切片：心肌、闰盘染色，HE染色。

1. 肉眼观察

标本中不整齐的一面为心脏壁内表面，相对的另一面为其外表面。

2. 低倍镜观察

心脏壁主要由心肌组成，标本中可见心肌纤维的纵、横、斜等各种切面。

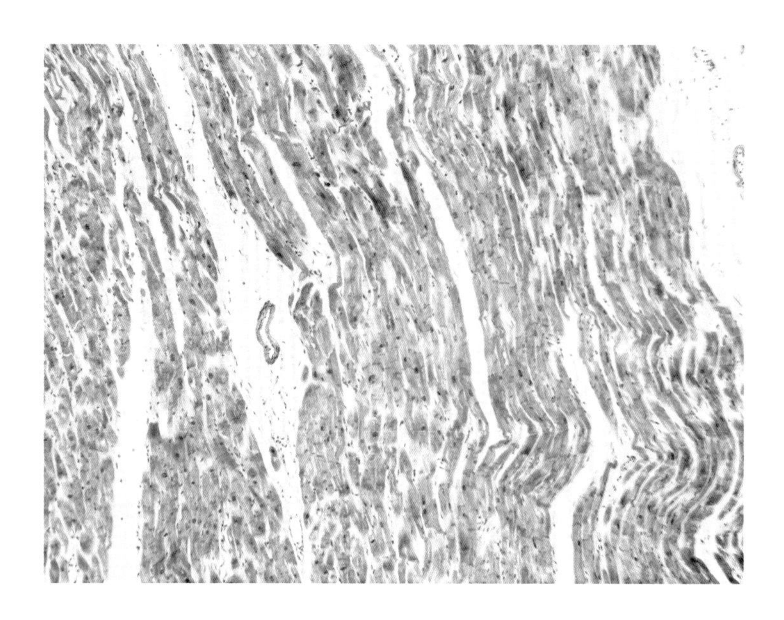

图4-3　心肌纵切（闰盘染色　10×10）

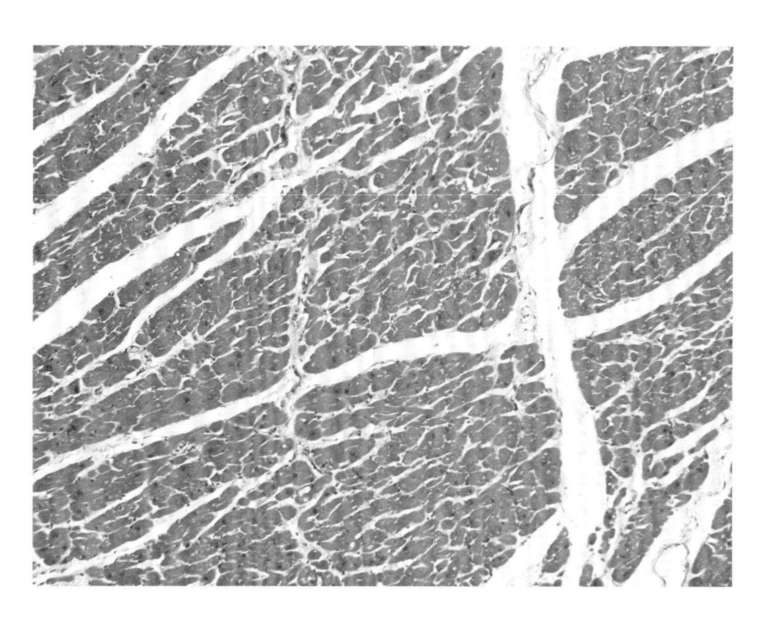

图4-4　心肌横切（HE　10×10）

3. 高倍镜观察

① 纵切面：心肌纤维细、短、有分支且相互连接成网，核卵圆形，位于肌纤维中央，胞浆丰富，染色浅。心肌纤维也有横纹，但是不如骨骼肌明显。在心肌纤维首尾连接处，可见与横纹平行、染色较深的闰盘。肌纤维之间有少量结缔组织，内含丰富的血管。

② 横断面：肌纤维呈圆形或不规则形，大小相近，有的有细胞核，呈圆形，位于中央，有的没有切到细胞核。肌丝呈点状，位于细胞周边。

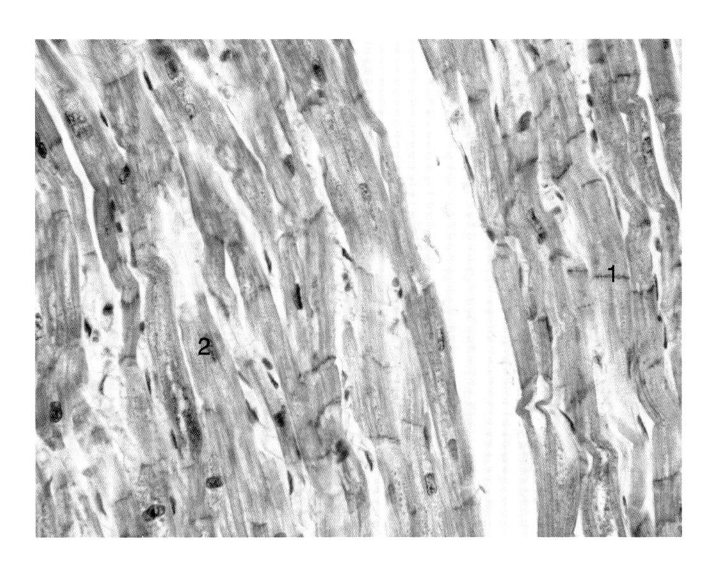

图4-5　心肌纵切（闰盘染色　10×40）

1. 闰盘；2. 细胞核

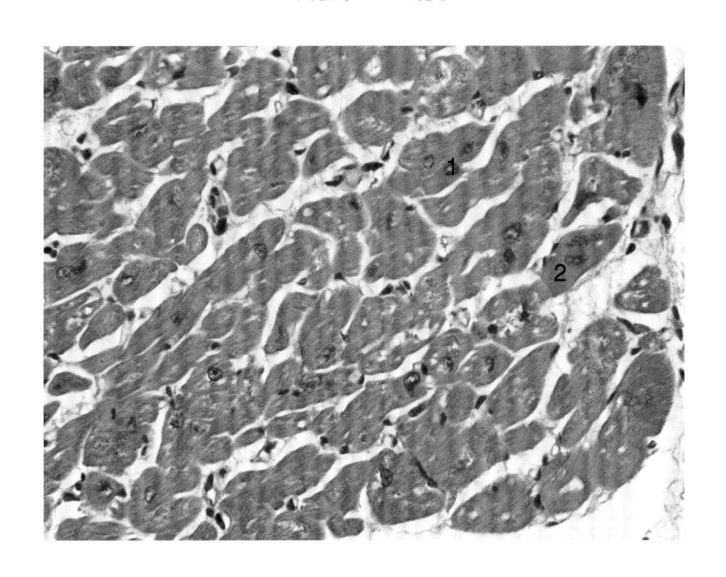

图4-6　心肌横切（HE　10×40）

1. 细胞核；2. 心肌纤维

（三）平滑肌

切片：小肠，HE染色。

1. 肉眼观察

标本呈扁椭圆形，中间不规则的腔隙为肠腔，周围是肠壁，平滑肌位于肠壁第三层，染成红色。

2. 低倍镜观察

在肠壁肌层，可见成层排列的平滑肌，内层为平滑肌纵切面。肌纤维呈细长梭形，外层为横切面，呈大小不等的圆点状。

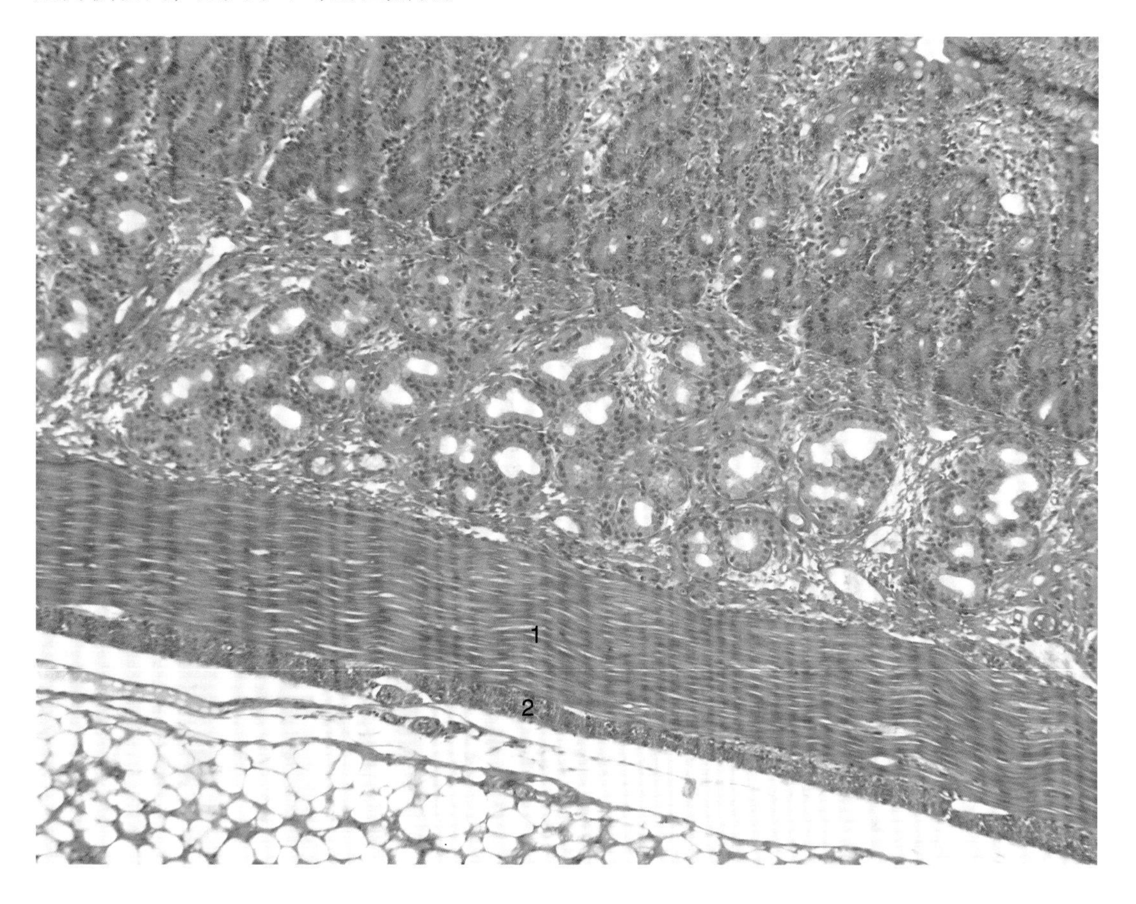

图4-7 平滑肌（小肠壁肌层，HE 10×10）

1. 平滑肌纵切；2. 平滑肌横切

3. 高倍镜观察

① 纵切面：肌纤维呈细长梭形，核为长杆状或椭圆形，位于肌纤维中央。由于制片过程中细胞收缩，有的细胞核扭曲成螺旋状，肌浆呈均质状，染成红色。在同一层内，肌纤维互相交错平行排列，即一个细胞中央粗部与另一个细胞两端细部重叠，因此，肌纤维排列紧密。肌纤维之间有少量结缔组织和血管。

② 横切面：可见大小不等的圆形断面，较大的断面中可见细胞核，呈圆形，染色深，周围为少量肌浆。多数细胞未切到核，只有细胞质，嗜酸性，染成红色。由于平滑肌细胞相互交错排列，故相邻细胞的直径大小不等，这是平滑肌横断面的主要特征之一。

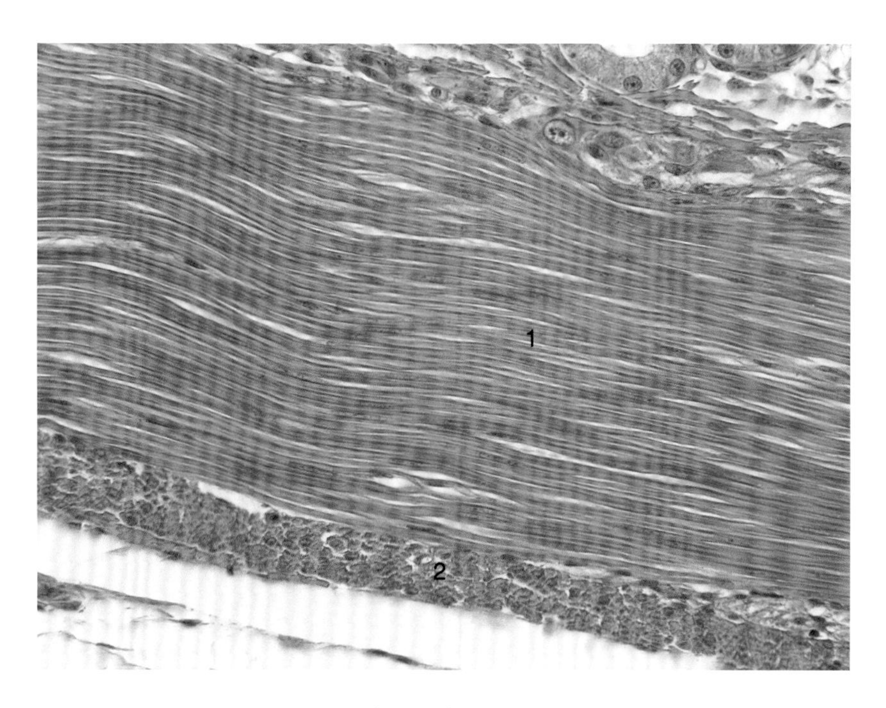

图4–8　平滑肌（小肠壁肌层，HE　10×40）

1. 平滑肌纵切；2. 平滑肌横切

三、作业

（1）高倍镜下绘图：示纵切骨骼肌纤维局部。
标注：细胞核、明带、暗带。
（2）高倍镜下绘图：示纵切心肌纤维局部。
标注：细胞核、闰盘、血管。
（3）高倍镜下绘图：示纵切的平滑肌纤维。
标注：平滑肌纤维、细胞核。

四、思考题

（1）对比平滑肌纤维与心肌纤维形态结构的异同。
（2）骨骼肌纤维的收缩与肌纤维超微结构的关系。
（3）光镜下，闰盘与横纹的区别。

第五章

神经组织

神经组织是由神经细胞和神经胶质细胞组成，它是构成神经系统的主要成分。神经系统分中枢神经系统（脑和脊髓）和周围神经系统（神经和神经节）两大部分，两者是相互联系的整体。

神经细胞是神经系统的结构和功能单位，也称神经元。神经元数量庞大，形态多样，大小不一，但其结构均可分为胞体和突起两部分：① 胞体是神经元营养和代谢中心，主要分布于中枢神经系统，如大脑皮质、小脑皮质、脑内众多的神经核团和脊髓灰质；也存在于周围神经系统的神经节或神经丛内，如脑神经节、脊神经节、自主神经节。胞体的细胞质称为核周质。② 突起可分为树突和轴突两种。树突多呈树枝状，它可接受刺激并将冲动传向胞体。轴突细长，末端常有分支，能将冲动从胞体传向终末。一个神经元可有一个或多个树突，但轴突只有一条，神经元的胞体越大，其轴突越长。

突触是神经元与神经元之间，或神经元与效应细胞之间及感受器细胞与神经元之间特化的接触区域，是一种细胞连接方式，是传递信息的部位。最常见的连接方式是一个神经元的轴突终末与另一个神经元的树突或胞体连接，分别形成轴—树突触、轴—体突触等，突触有化学性突触和电突触两类。

神经胶质细胞，广泛分布于中枢和周围神经系统，其数量多，有突起，但是没有轴突和树突之分，也不具有传导神经冲动的功能，它的功能是对神经元起支持、保护、分隔、营养等作用。位于中枢神经系统的胶质细胞有四种：星形胶质细胞、少突胶质细胞、小胶质细胞和室管膜细胞；位于周围神经系统的神经胶质细胞有两种：施万细胞和卫星细胞。

神经纤维是由神经元的长突起和包绕其外的神经胶质细胞共同构成，主要构成中枢神经系统的白质和周围神经系统的脑神经、脊神经和自主神经。根据包裹轴突的胶质细胞是否形成髓鞘，神经纤维可分为有髓神经纤维和无髓神经纤维。周围神经系统的有髓神经纤维由轴突、髓鞘、神经膜（胶质细胞膜和基膜）构成，由施万细胞形成的髓鞘分成许多节段，各节段间的缩窄部分称为郎飞氏结，两个郎飞氏结之间的一段称为结间体，轴突越粗，髓鞘越厚，结间体就越长。中枢神经系统的有髓神经纤维的髓鞘由少突胶质细胞形成。周围神经系统的无髓神经纤维由轴突和连续包在外面的施万细胞组成，不形成髓鞘。中枢神经系统的无髓神经纤维即是裸露的轴突，外无任何鞘膜。

神经末梢是周围神经纤维的终末部分，分别称为感受器和效应器，分布全身，按功能分为感觉神经末梢和运动神经末梢。感觉神经末梢分为游离神经末梢和被囊神经末梢，后者包括触觉小体、环层小体和肌梭，感受来自机体内、外的刺激。运动神经末梢分布于骨骼肌、腺细胞和脏器平滑肌上，支配肌肉运动或腺细胞的分泌。

在中枢神经系统，灰质是神经元胞体集中的部分，不含胞体只有神经纤维的部分称为白质，大小脑的灰质位于脑的表层，故又称为皮质。脊髓的灰质位于中央，在横切面上呈蝴蝶形。大脑皮质的神经元均为多极神经元，按其细胞的形态可以分为锥体细胞、颗粒细胞和梭形细胞三类。这些神经元以分层方式排列。大脑皮质一般可以分为六层，由表及里分别为分子层、外颗粒层、外锥体层、内颗粒层、内锥体层和多形细胞层。组成小脑皮质内的神经元有星形细胞、篮状细胞、蒲肯野细胞、颗粒细胞和高尔基细胞，从外到内依次分为分子层、蒲肯野细胞层和颗粒层。

一、实验目的

（1）掌握多极神经元的形态结构。

（2）掌握突触、神经纤维的光镜及电镜结构与分类。

（3）了解神经胶质细胞的种类、形态及功能。

（4）了解大脑皮质、小脑皮质的组织结构。

（5）了解脊髓的组织结构。

二、实验内容

（一）脊髓

切片：牛或兔脊髓横切片，银沉淀染色。

1. 肉眼观察

脊髓横切面为扁椭圆形，中央呈蝴蝶形、着色较深的部分为灰质，四周着色较浅淡的部分为白质。灰质中较短、宽的一侧为前角，细长的一侧为后角。

2. 低倍镜观察

在脊髓横切面上可见：①白质是神经纤维集中所在。神经纤维呈大小不等的圆形，其中间紫红色小点是轴突，髓鞘被溶解，故呈空泡状，纤维之间有较小的圆形或者卵圆形的神经胶质细胞核。②灰质前角可见有较大的细胞，为前角运动神经元，即多极神经元。选择一结构典型的神经元，换高倍镜观察。③脊髓中央有中央管，腔面为室管膜细胞。

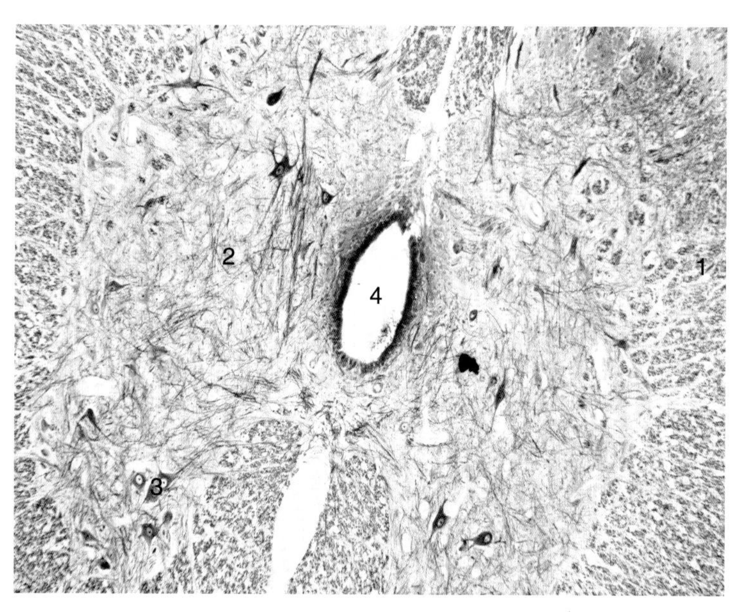

图5-1　脊髓（银沉淀　10×10）

1. 白质；2. 灰质；3. 神经元；4. 中央管

3. 高倍镜观察

高倍镜观察可见：神经元胞体大，形态不规则，伸出数个突起，有的神经元只见1～2个或者不见突起，这是由于切片只切到神经元一部分的缘故。神经元胞核大而圆，染色浅，多位于中央，核膜明显，有一个大而圆的核仁。HE染色的切片在胞质内有许多大小不等、形态不一的颗粒状物质或染色呈深蓝紫色的块状物质，称为尼氏体（又称嗜染质）。

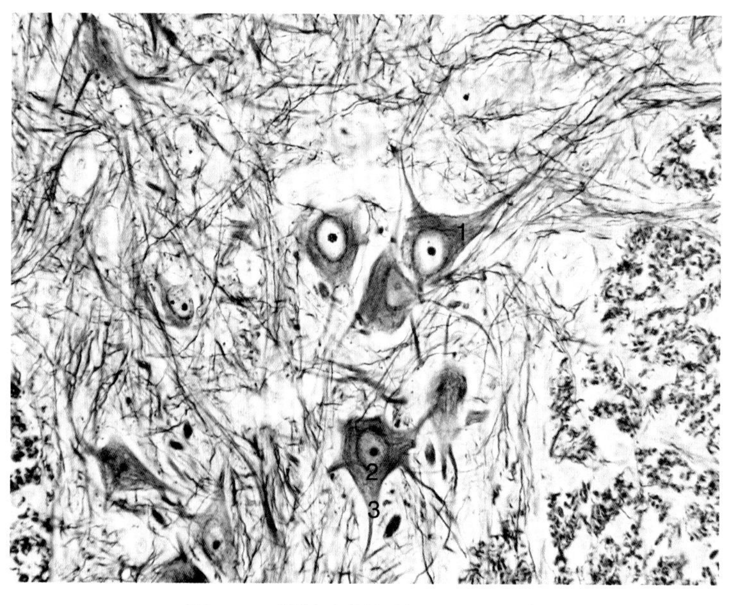

图5-2　脊髓（银沉淀　10×40）

1. 胞体；2. 细胞核；3. 突起

（二）有髓神经纤维

切片：坐骨神经，HE染色。

1. 肉眼观察

神经呈长索状，横切面呈圆形。

2. 低倍镜观察

① 纵切面：密集排列的紫红色细条状结构即为有髓神经纤维；

② 横切面：神经纤维集合成束，每条神经纤维呈圆形。包裹在神经外面的致密结缔组织为神经外膜。包裹每束神经纤维的结缔组织为神经束膜。伸入束内，包围每条神经纤维的薄层结缔组织为神经内膜。选择典型的有髓神经纤维换高倍镜观察。

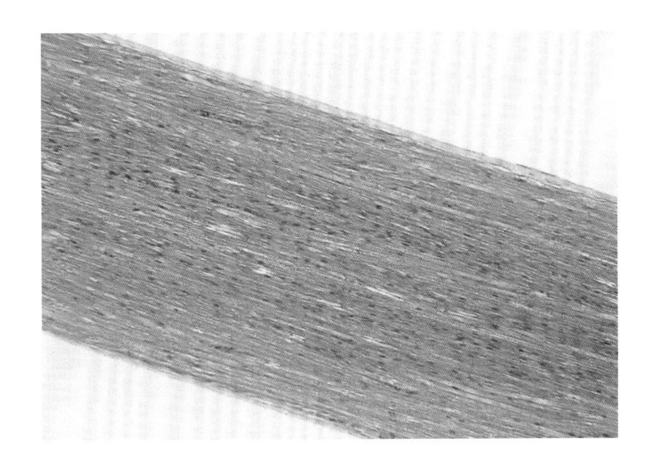

图5-3　有髓神经纤维纵切（坐骨神经，HE　10×10）

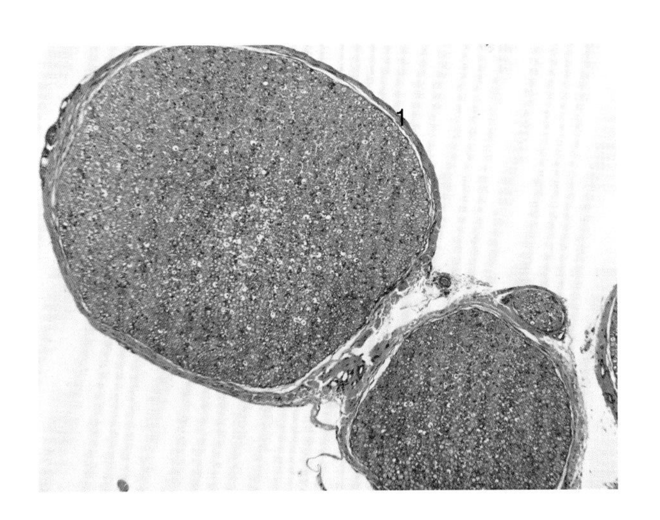

图5-4　有髓神经纤维横切（坐骨神经，HE　10×10）

1. 神经外膜

3．高倍镜观察

① 纵切面：神经纤维中央有一条染成紫红色的线条即为轴突，轴突外包裹髓鞘和神经膜。髓鞘由类脂质及蛋白质组成，HE染色时，髓鞘的类脂质被溶解，仅见残留的蛋白质，呈网状或空泡状，染色浅。髓鞘两侧的细线是神经膜，内有蓝紫色长椭圆形细胞核即施万细胞核。髓鞘分节段，各节段之间缩窄的部分，似有一横线处称为郎飞氏结，此处缺乏髓鞘，轴突裸露，便于膜内、外离子的交换，进行神经冲动的传导。相邻两个郎飞氏结之间的一段称为结间体，轴突越粗，髓鞘越厚，结间体就越长，传导冲动速度越快。

② 横切面：神经纤维呈圆形，中央紫红色小点即轴突，外围髓鞘和神经膜，有时可见边缘的神经膜细胞。

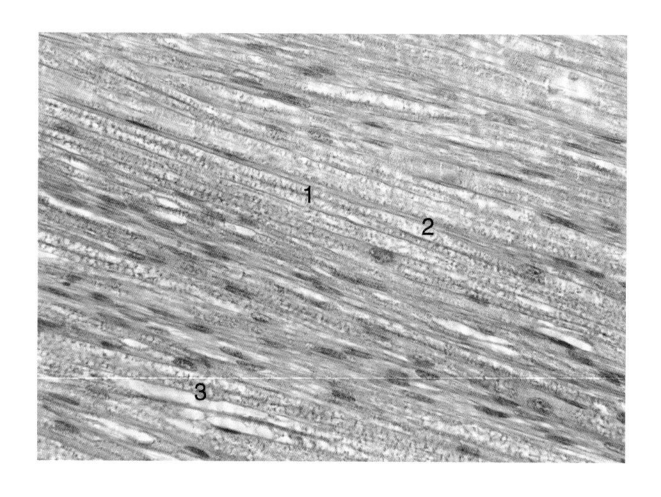

图5-5　有髓神经纤维纵切（坐骨神经，HE　10×40）

1. 轴索；2. 髓鞘；3. 神经内膜

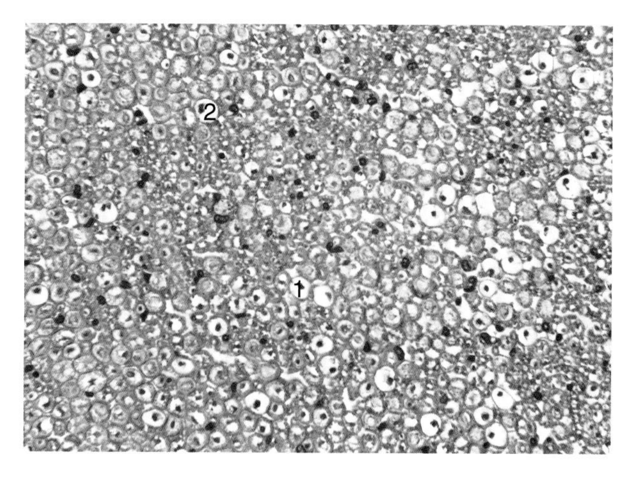

图5-6　有髓神经纤维横切（坐骨神经，HE　10×40）

1. 轴索；2. 髓鞘

（三）大脑皮质

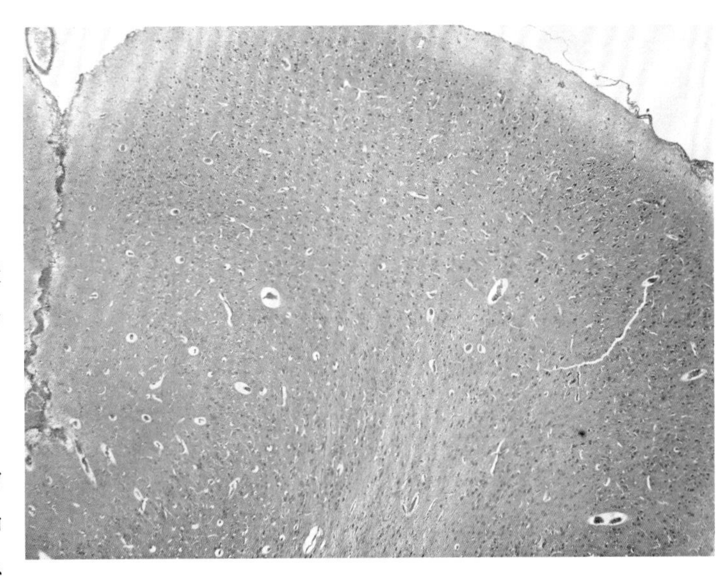

图5-7 大脑皮质（HE 10×4）

切片：大脑，HE染色。

1. 肉眼观察

表面染色较深的为灰质，深部染色较浅的为白质。表面凹陷处为脑沟，隆起处为脑回。

2. 低倍镜观察

灰质位于外表面，又称为大脑皮质。其组织结构是以神经元为主要成分。皮质的神经元都是多极神经元，按其形态分为锥体细胞、颗粒细胞和梭形细胞三大类。白质位于深部。

3. 高倍镜观察

由表及里，大脑皮质一般可分为六层。即：分子层、外颗粒层、外锥体层、内颗粒层、内锥体层和多形细胞层。

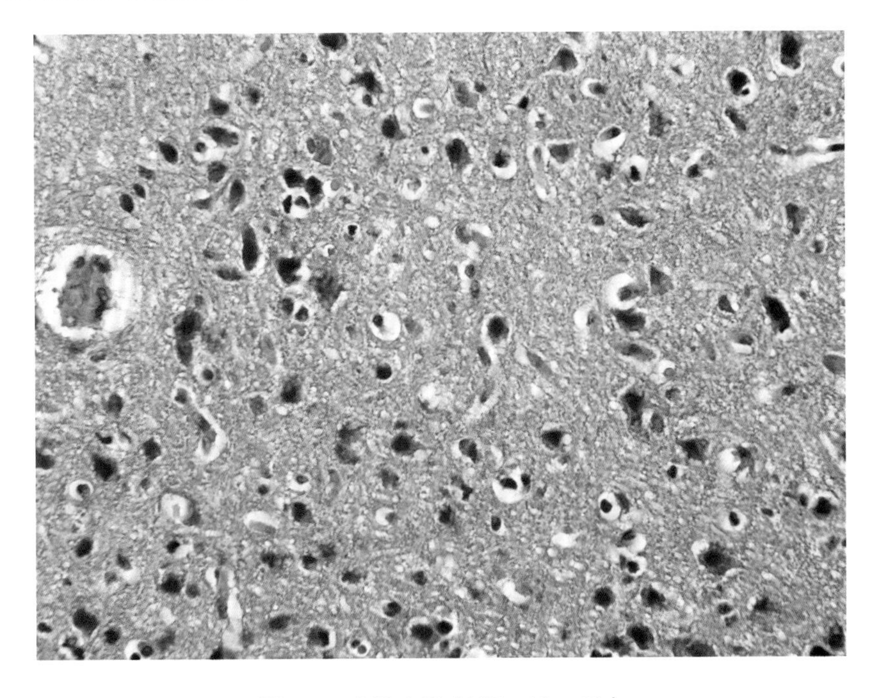

图5-8 大脑皮质（HE 10×40）

（四）小脑

切片：小脑，HE染色。

1. 肉眼观察

小脑表面由许多横沟，把小脑分成许多小的叶片，每一个叶片表面覆盖一层灰质，即小脑皮质，表面呈粉红色的为分子层，深部蓝紫色的为颗粒层。再向内部的红色区域为小脑髓质。

2. 低倍镜观察

小脑皮质由浅到深依次分为三层。

（1）分子层：此层染色较浅，细胞较少。主要由星形细胞及深部的篮状细胞组成。

（2）蒲肯野细胞层：位于分子层和颗粒层之间，由一层大而不连续的浦肯野细胞胞体组成，呈梨形，树突伸向分子层。

（3）颗粒层：主要由密集的颗粒细胞和一些高尔基细胞组成。颗粒细胞深部为小脑髓质，内有蒲肯野细胞的轴突、攀缘纤维和苔藓纤维。

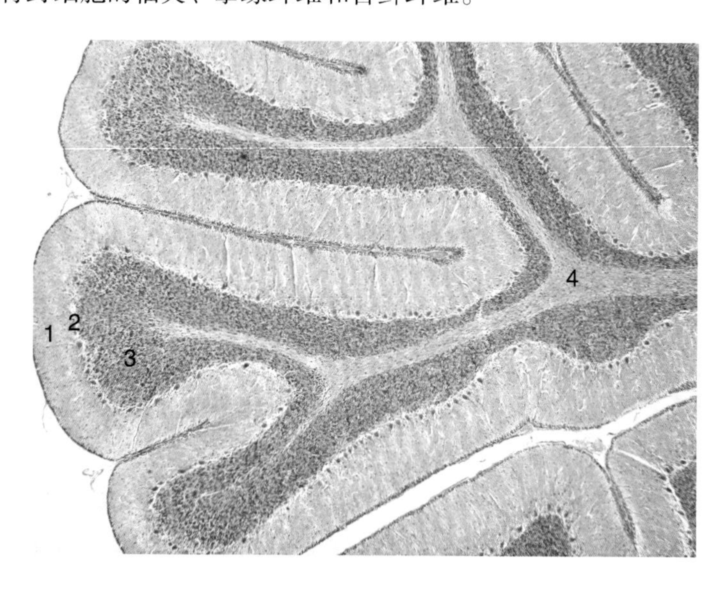

图5-9 小脑（HE 10×4）

1. 分子层；2. 蒲肯野细胞层；3. 颗粒层；4. 小脑髓质

三、作业

（1）高倍镜下绘图：示多级神经元。

标注：突起、细胞核、核仁。

（2）低倍镜下绘图：示脊髓横切面。

标注：灰质、白质、中央管、背侧角、腹侧角。

（3）低倍镜下绘图：示小脑。

标注：小脑皮质、小脑髓质、分子层、蒲肯野细胞层、颗粒层。

四、思考题

（1）神经元的微细结构和分类。

（2）突触的分类及化学性突触的超微结构。

（3）脊髓的组织结构。

（4）简述有髓神经纤维的结构。

（5）简述小脑皮质的组织结构。

第六章

循环系统

循环系统是连续而封闭的管道系统，由心血管系统和淋巴系统组成。心血管系统包括心脏、动脉、毛细血管和静脉。心脏是促使血液流动的动力泵，它通过收缩和舒张将血液输送到动脉；动脉将血液输送到毛细血管；毛细血管广泛分布于体内的各种组织和器官内，其管壁极薄，血液在此与周围组织进行物质交换；毛细血管汇合移行为静脉，静脉起始端也参与物质交换，但主要是将物质交换后的血液导回心脏。淋巴系统由毛细淋巴管、淋巴管和淋巴导管组成，主要的功能是辅助静脉回流。

心脏壁从内到外依次可分为三层：心内膜、心肌膜和心外膜。心内膜的表面是内皮，与大血管的内皮相连续；内皮下为由结缔组织构成的内皮下层；内皮下层与心肌之间是心内膜下层，由较疏松的结缔组织组成，其中含血管、神经，心室的心内膜下层还分布有心脏传导系的分支之一浦肯野纤维。心肌膜主要由心肌纤维构成，心房的心肌较薄，心室的心肌较厚，左心室的心肌最厚。心房肌和心室肌互不连续。心外膜是心包膜的脏层，其结构为浆膜，它的表面是间皮，间皮下面是薄层结缔组织。心外膜中含有血管、神经，并常有脂肪组织。

动脉是从心脏出发之后，反复分支，管径逐渐变细，管壁也逐渐变薄。故根据管壁的结构特点和管径的大小，可将动脉分为大动脉、中动脉、小动脉和微动脉，各类动脉之间逐渐移行，没有明显界限。大动脉管壁的中膜有很多层弹性膜，各层弹性膜由弹性纤维相连，故又称为弹性动脉，弹性膜之间有环形平滑肌、少量胶原纤维和弹性纤维；内膜与中膜的弹性纤维相连续，外膜无明显外弹性膜，所以其三层结构分层不明显。中动脉管壁具有典型的三层结构。内膜中内皮下层较薄，内弹性膜明显；中膜较厚，由大量环形平滑肌组成，故又称为肌性动脉；外膜厚度与中膜相等，在中膜与外膜的交界处有明显的外弹性膜。小动脉的三层比较完整，也属于肌性动脉。较大的小动脉，内膜有明显的内弹性膜，随着管径变细，内弹性膜消失；中膜有几层平滑肌；外膜厚度与中膜相近，一般无外弹性膜。

毛细血管管壁主要由一层内皮细胞和基膜组成。细的毛细血管仅由一层内皮细胞围成，较粗的毛细血管由2～3层内皮细胞围成，基膜外有少量的结缔组织。在内皮细胞与基膜之间，散在有一种扁平而有突起的细胞，细胞紧贴在内皮细胞基底面，称为周细胞。在光镜下，各组织和器官中的毛细血管结构相似，但在电镜下，根据内皮细胞等的结构特点，可将毛细血管分为：连续性毛细血管、有孔毛细血管和血窦。连续性毛细血管的内皮细胞互相连续，细胞间有紧密连接等结构，基膜完整，细胞质中有许多吞饮小泡。有孔毛细血管的内皮细胞不含细胞核的部分很薄，有许多贯穿细胞的小孔。血窦又称为窦状毛细血管，管腔较大，形状不规则，内皮细胞之间常有较大的间隙。

静脉与相应的动脉相比较，其数量较多、管径较粗、管壁较薄、管腔较大，故切片标本中的静脉管壁常呈塌陷状，管腔多扁而不规则。静脉管壁的内外弹性膜不发达，故三层结构分层不明显。静脉常有静脉瓣，呈半月形薄片，彼此相对，由内膜向管腔内突出而形成，其作用是防止血液逆流。

淋巴管系统起自毛细淋巴管。毛细淋巴管以盲端起始于组织内，互相吻合成网，然后汇入淋巴管、淋巴导管，最后汇入静脉。淋巴管的结构与静脉相似。在淋巴回流的路上存在淋巴结。淋巴管内的液体称为淋巴。

一、实验目的

（1）掌握心壁的组织结构。

（2）掌握大动脉和中动脉的组织结构。

（3）掌握毛细血管的微细结构和分类。

（4）了解大、中、小静脉的结构特点及淋巴管的结构。

二、实验内容

（一）心脏

切片：心脏，HE染色。

1. 肉眼观察

标本凹凸不平、着浅粉色的一面是心内膜，其相对的另一面是心外膜，二者之间着红色的是心肌膜，很厚。

2. 低倍镜观察

① 心内膜：较薄，表面为内皮，其深层为薄层结缔组织，即内皮下层，内皮下层深面为心内膜下层。

② 心肌膜，较厚，主要由心肌纤维组成，其间有少量结缔组织和丰富的毛细血管。心肌纤维呈螺旋状排列，在切片中可见内纵、中环、外斜排列的心肌纤维断面。

③ 心外膜：为薄层结缔组织，其外表面被覆一层间皮。结缔组织内有小血管、脂肪细胞及神经纤维断面。

3. 高倍镜观察

重点观察心内膜。心内膜分为三层，内皮为单层扁平上皮；内皮下层由较为细密的结缔组织组成，其中含有少量平滑肌纤维；心内膜下层紧贴心肌膜，为结缔组织，与内皮下层分界不清，由较为疏松的结缔组织组成，其中含有小血管和神经。在心室的心内膜下还含有蒲肯野纤维，该细胞的特点是：直径较一般心肌纤维粗，肌浆丰富，胶原纤维少，染色较浅。

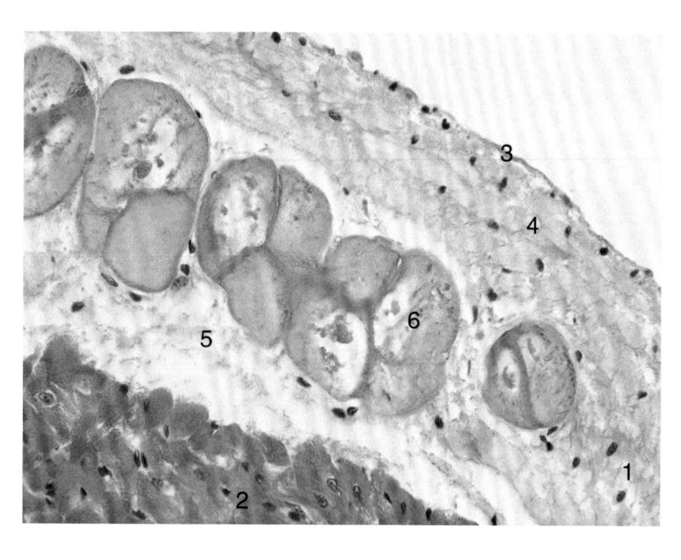

图6-1　心脏（心内膜，HE　10×40）

1. 心内膜；2. 心肌膜；3. 内皮；4. 内皮下层；5. 心内膜下层；6. 蒲肯野纤维

（二）大动脉

切片：大动脉，HE染色。

1. 肉眼观察

标本为圆环形，内为动脉腔面。

2. 低倍镜观察

区分三层膜界限及厚度的比例。其特点是：中膜最厚，主要由弹性膜组成。三层膜分界不清。

3. 高倍镜观察

① 内膜：内皮为单层扁平上皮，片中只见其扁圆形胞核；内皮下层较厚，由疏松结缔组织构成，内含胶原纤维、弹性纤维和少量平滑肌纤维；内弹性膜与中膜的弹性膜相连，故内膜与中膜的界限不清。

② 中膜：较厚，由数十层环形弹性膜，还有少量环形平滑肌纤维和胶原纤维组成。

③ 外膜：较中膜薄，由结缔组织构成，其中大部分是胶原纤维，还有少量弹性纤维。没有明显的外弹性膜，故中膜与外膜的分界也不清楚。

（三）中动脉

切片：中动脉，HE染色。

1. 肉眼观察

中动脉管壁厚，腔小而圆。

2. 低倍镜观察

管壁明显分为三层，注意观察内、外弹性膜，注意三层膜的厚度比例。

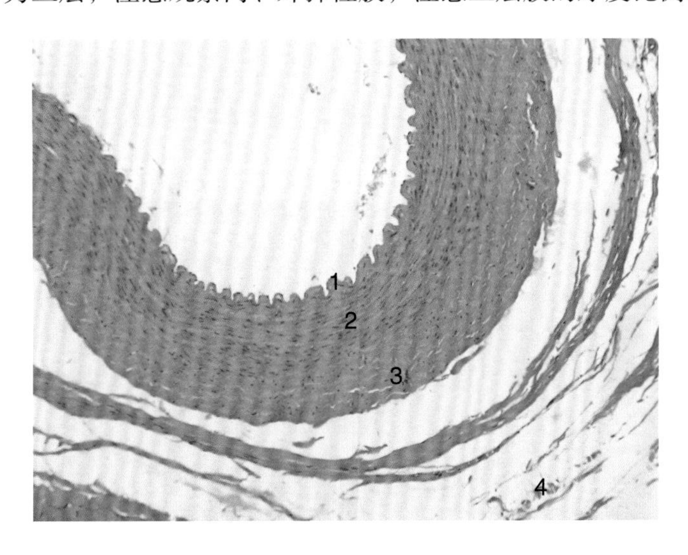

图6-2　中动脉（HE　10×10）

1. 内膜；2. 中膜；3. 外弹性模；4. 外膜

3. 高倍镜观察

① 内膜：薄，又分为三层：内皮为单层扁平上皮；内皮下层，不明显，为薄层疏松结缔组织；内弹性膜明显，在断面上呈折光性强、波浪形的一层明亮淡红色带，这是由于血管壁收缩所致。内弹性膜是内膜与中膜的分界线。

② 中膜：较厚，由多层环形平滑肌组成，肌纤维之间有少量弹性纤维和胶原纤维。故中动脉又称为肌性动脉。

③ 外膜：厚度与中膜相仿，由疏松结缔组织构成，外弹性膜明显。

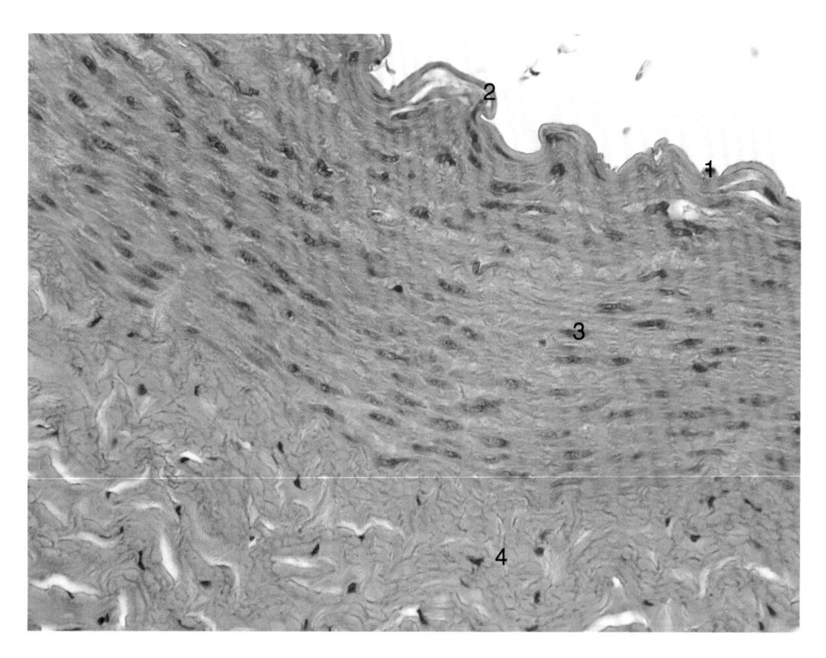

图6-3 中动脉（HE 10×40）

1. 内皮；2. 内弹性膜；3. 中膜；4. 外弹性膜

三、作业

（1）高倍镜下绘图：示中动脉横切面的局部。

标注：内膜（内皮、内皮下层、内弹性膜）、中膜、外膜（外弹性膜、疏松结缔组织）。

（2）高倍镜下绘图：示心壁结构。

标注：心内膜（内皮、内皮下层、心内膜下层、蒲肯野氏纤维）、心肌膜、心外膜。

（3）高倍镜下绘图，示大动脉的局部。

标注：内膜、中膜（弹性膜）、外膜。

四、思考题

（1）毛细血管的微细结构、功能及电镜下的分类。

（2）中动脉的组织结构和功能。

（3）心壁的组织结构。

（4）微循环的组成及意义。

第七章

免疫系统

免疫系统是机体保护自身的防御性结构，主要由淋巴器官、淋巴组织和全身各处的淋巴细胞、抗原呈递细胞等组成。构成免疫系统的核心成分是淋巴细胞，由大量淋巴细胞构成淋巴组织，淋巴组织有弥散性淋巴组织和淋巴小结两种类型。淋巴器官是以淋巴组织为主构成的器官，分为中枢淋巴器官和周围淋巴器官。中枢淋巴器官包括胸腺和骨髓，淋巴干细胞在此分裂分化，成为具有特异性抗原受体的细胞，不断地向周围淋巴器官及淋巴组织输送淋巴细胞；周围淋巴器官包括淋巴结、脾脏和扁桃体，是进行免疫应答的主要场所。

一、实验目的

（1）了解免疫系统的组成。

（2）掌握胸腺的组织结构和功能。

（3）掌握淋巴结的组织结构和功能。

（4）掌握脾脏的组织结构和功能。

（5）了解单核吞噬细胞系统的概念、组成及功能。

二、实验内容

（一）胸腺

切片：胸腺，HE染色。

1. 肉眼观察

标本凸面可见染成红色的结缔组织为被膜，被膜伸入实质，将其分成许多不完全分隔的小叶，胸腺实质周围染成深蓝色的是皮质，中央着色较浅的是髓质。

2. 低倍镜观察

① 表面有薄层结缔组织构成的被膜，被膜伸入实质形成小叶间隔，将胸腺分成许多大小不等的小叶。每个小叶分为皮质和髓质两部分。

② 小叶周围为皮质，胸腺上皮细胞较少，胸腺细胞密集，故着色较深。

③ 小叶中央为髓质，相邻小叶的髓质相互连接，胸腺细胞较少，胸腺上皮细胞较多，染色浅。

④ 髓质中可见染成红色的胸腺小体。

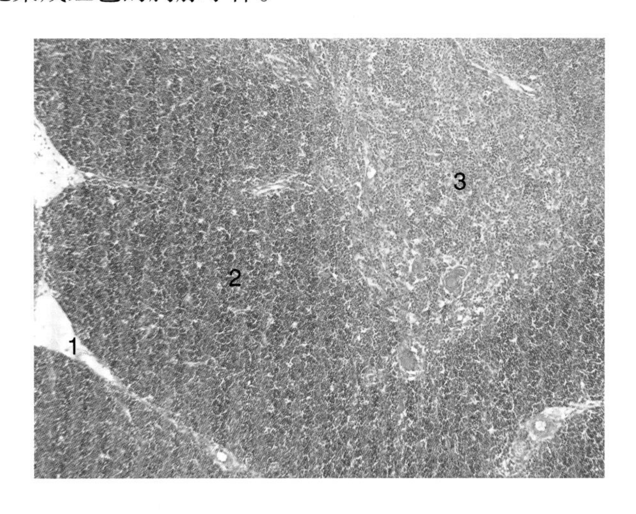

图7–1　胸腺（HE　10×10）

1. 小叶间隔；2. 皮质；3. 髓质

3. 高倍镜观察

胸腺小体是胸腺的特征性结构，其大小不等，由数层及十几层扁平的上皮性网状细胞呈同心圆排列而成，外周的上皮细胞较幼稚，呈新月形，细胞核明显；近小体中心的上皮细胞较成熟，核渐退化；小体中心的上皮细胞已完全角质化，细胞呈均质嗜酸性染色，中心还常见巨噬细胞或嗜酸性粒细胞。

（二）淋巴结

切片：淋巴结，HE染色。

1. 肉眼观察

标本呈长椭圆形，表面染成红色的结缔组织为被膜，淋巴结的实质分为皮质和髓质两部分。外周呈紫蓝色者为皮质，中央色浅者为髓质，淋巴结的一侧凹陷称为淋巴门。

2. 低倍镜观察

① 被膜：由致密结缔组织构成，有的标本可见带有瓣膜的输入淋巴管。被膜伸入实质形成小梁。

② 皮质：位于被膜下，由浅层皮质、深层皮质和皮质淋巴窦三部分构成。浅层皮质由薄层弥散淋巴组织及淋巴小结组成，发育良好的淋巴小结可见生发中心，它可分为暗区和明区两部分，暗区位于生发中心的基部，由许多着色较深的大淋巴细胞组成，明区位于浅层，由中淋巴细胞组成，生发中心的顶部及周围有一层密集的小淋巴细胞，着色较深，称为小结帽。浅层皮质深层的弥散性淋巴组织为深层皮质。被膜与淋巴小结之间以及淋巴小结与小梁之间的腔隙为皮质淋巴窦，窦内由星状的网状细胞和淋巴细胞充填。

③ 髓质：由髓索和髓窦组成。髓索是相互连接的索状淋巴组织，中央可见毛细血管后微静脉，髓窦与皮质淋巴窦结构相同，但较宽大。

④ 门部：位于淋巴结一侧的凹陷处，在其疏松结缔组织内可见血管、神经以及不规则的输出淋巴管。

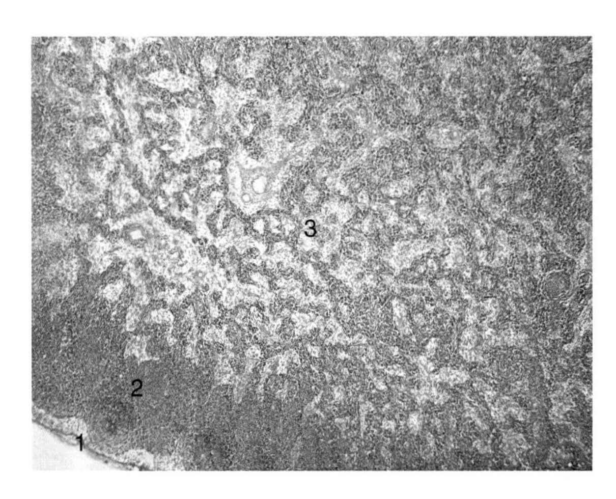

图7-2　淋巴结（HE　10×10）

1. 被膜；2. 皮质；3. 髓质

3. 高倍镜进一步观察皮质和髓质的微细结构

① 深层皮质可见高内皮的毛细血管后微静脉。

② 皮质淋巴窦壁由内皮细胞围成，内皮外为一层扁平的网状细胞。
③ 窦腔内有染成浅红色的网状细胞构成支架，网眼内有一些淋巴细胞和巨噬细胞。

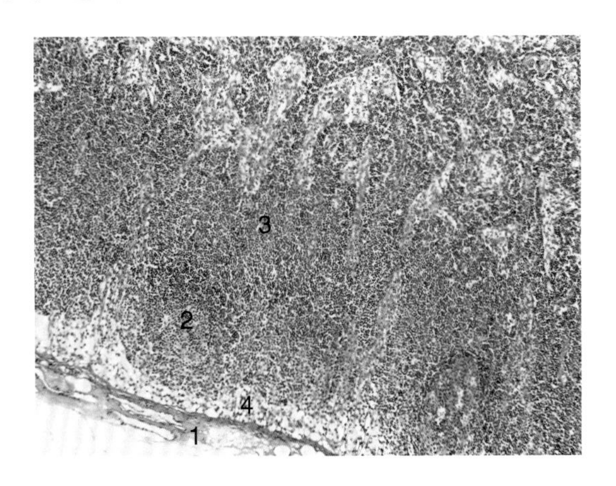

图7-3　淋巴结皮质（HE　10×40）

1. 被膜；2. 浅层皮质；3. 深层皮质；4. 皮质淋巴窦

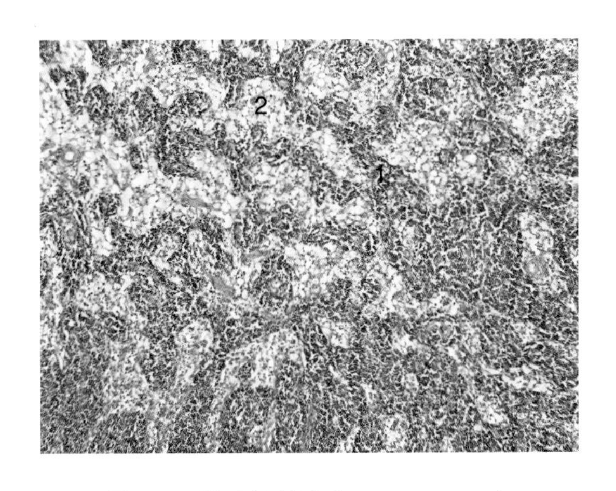

图7-4　淋巴结髓质（HE　10×40）

1. 髓索；2. 髓窦

（三）脾脏

切片：脾脏，HE染色。

1. 肉眼观察

标本染色不均匀，散在呈蓝紫色的小点状结构为白髓，疏松的红色部分为红髓。

2. 低倍镜观察

① 被膜：较厚，由致密结缔组织构成，表面覆以间皮，内含散在平滑肌，被膜伸入

实质形成小梁，小梁中可见平滑肌的纵、横切面以及血管的断面。

② 白髓：呈紫蓝色，主要由淋巴细胞密集的淋巴组织构成，分为动脉周围淋巴鞘和淋巴小结两部分。其中的小动脉为中央动脉，紧紧包绕中央动脉的较密集的淋巴组织为动脉周围淋巴鞘，此区相当于淋巴结的深层皮质。在鞘的一侧常有淋巴小结，称为脾小结，其结构与淋巴结中的淋巴小结相同，其中有中央动脉走行。发育较大的淋巴小结也可见生发中心，帽部朝向红髓。

③ 边缘区：位于白髓和红髓交界处，该区的淋巴细胞较白髓稀疏，但较脾索密集，并混有少量细胞。

④ 红髓：位于被膜下、小梁周围、边缘区外侧及白髓之间，由脾索和脾血窦构成。

3. 高倍镜观察

① 被膜：可见表面的间皮及其内的平滑肌。

② 动脉周围淋巴鞘：是围绕在中央动脉周围的厚层弥散性淋巴组织。

③ 红髓：脾索为富含血细胞的索状淋巴组织，在血窦之间相互连接成网，它以网状组织为支架，内含淋巴细胞、浆细胞、巨噬细胞及各种血细胞。脾索间的腔隙为脾血窦，形态不规则，在血窦的横切面上，可见杆状内皮细胞沿血窦壁呈点状排列，胞核突向窦腔，腔内含有各种血细胞。

三、作业

（1）高倍镜下绘图：示一个胸腺小叶。

标注：皮质、髓质、胸腺细胞、上皮性网状细胞、胸腺小体。

（2）高倍镜下绘图：示淋巴结局部。

标注：被膜、小梁、皮质、髓质、浅层皮质、深层皮质、皮质淋巴窦、髓索、髓窦。

（3）低倍镜下绘图：示脾脏局部。

标注：被膜、小梁、白髓、中央动脉、动脉周围淋巴鞘、脾小结、红髓、髓索、髓窦。

四、思考题

（1）免疫系统的组成及结构。

（2）胸腺皮质与髓质的微细结构。

（3）淋巴结的一般组织结构和功能。

（4）脾脏中与免疫有关的结构有哪些？各有什么特点？

（5）单核吞噬系统的概念、组成和功能。

第八章

被皮系统

被皮系统包括皮肤和由皮肤衍化而来的器官，如动物的蹄、枕、趾、爪、角、毛、汗腺、皮脂腺及乳腺等，称为皮肤的衍生物，其中汗腺、皮脂腺和乳腺称为皮肤腺。被皮除了有保护和感觉作用外，还有调节体温、分泌、吸收、排泄和储存物质等作用。

皮肤是动物体最大的器官之一。皮肤由表皮和真皮组成，借皮下组织与深部组织相连。全身皮肤的结构基本是相同的，但动物的种类不同、动物体不同部位的皮肤在厚度、角质化、毛的有无等方面有很大差异；同种动物因性别、年龄不同，皮肤厚度也不相同。

乳腺主要指雌性动物的乳腺，其结构随动物生理状况、营养状况、年龄和泌乳周期等而变化。乳腺主要由分泌乳汁的腺泡、输出乳汁的导管以及其间的结缔组织构成。结缔组织将乳腺分隔成腺叶，每个腺叶又被分隔成若干小叶，每个小叶为一个复管泡状腺，由分泌部和导管部组成。小叶间结缔组织内含有大量的脂肪细胞。乳腺的腺泡上皮为单层立方或柱状上皮，腺腔很小，腺上皮与基膜之间有肌样上皮细胞。导管包括小叶内导管、小叶间导管和总导管（输乳管）。小叶内导管多为单层立方或柱状上皮，小叶间导管则为复层扁平上皮。总导管开口于乳头，管壁为复层扁平上皮，与乳头表皮相连。静止期乳腺的结构特点：导管和腺体均不发达，腺泡小而少，脂肪组织和结缔组织极为丰富。泌乳期乳腺的结构特点：腺泡增大，同时结缔组织和脂肪组织减少。

一、实验目的

（1）掌握皮肤各层结构的组成和特点。

（2）掌握乳腺的组织结构。

（3）了解毛发、皮脂腺和汗腺的结构特征。

二、实验内容

（一）皮肤

切片：皮肤，HE染色。

1. 肉眼观察

染色深的一面为表皮，表皮下方为真皮。

2. 低倍镜观察

① 表皮：为复层扁平上皮，分为五层，由基底到表面依次为基底层、棘层、颗粒层、透明层、角质层。基底层为一层立方或低柱状细胞，细胞界限不清，胞质嗜碱性较强。棘层在基底层上方，由4～10层多边形细胞组成。由于细胞向四周伸出许多细的棘状突起，与相邻细胞的棘突互相连接，故称为棘细胞。颗粒层位于棘层上方，由3～5层较扁平的梭形细胞组成，胞浆内含有许多透明角质颗粒，强嗜碱性。透明层位于颗粒层上方，由2～3层更扁平的梭形细胞组成，细胞呈透明均质状，细胞核、细胞器消失。角质层为表皮的表层，由数十层扁平角质化细胞组成。细胞已完全角质化，见不到细胞核，细胞质内充满角蛋白，呈均质红染层状结构。该层内有螺旋状空隙，为汗液排出时的通道。

② 真皮：位于表皮之下，由致密结缔组织构成，分乳头层和网状层。乳头层紧邻表皮层，由较薄、较细密的胶原纤维和弹性纤维组成，结缔组织向表皮内呈乳头状隆起，称真皮乳头，可分为血管乳头和神经乳头。前者内有毛细血管的断面，后者内含触觉小体。网状层位于乳头层下方，较厚，由较粗大的胶原纤维和弹性纤维束交织而成，其内可见较多的血管和汗腺的断面。

3. 高倍镜观察

进一步观察表皮各层细胞的结构及汗腺的导管部和分泌部。汗腺导管部由2～3层低柱状上皮细胞组成，管径较小，着色较深。分泌部在真皮的深层或皮下组织内，管径较大，着色较浅，腺上皮为单层低柱状或立方状，由两种细胞组成，一种细胞较大，明亮，胞质呈嗜酸性，为明细胞；另一种细胞位于明细胞之间，较小，胞质嗜碱性，为暗细胞。在上皮细胞与基膜之间，还有一种梭形有突起的肌上皮细胞，其胞核狭长而着色深，有时可见细胞伸出红色的小突起，贴在上皮细胞外。

（二）乳腺

切片：乳腺，HE染色。

1.静止期乳腺

（1）肉眼观察。

切片上着蓝紫色的小团为乳腺小叶，着色浅的是脂肪组织。

（2）低倍镜观察。

静止期腺体不发达，仅见少量小腺泡和导管，脂肪组织和结缔组织丰富。

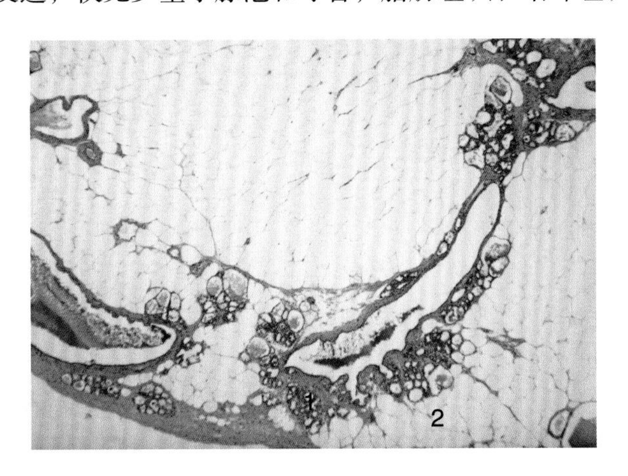

图8-1 静止期乳腺（HE 10×10）

1. 腺泡；2. 脂肪组织

（3）高倍镜观察。

静止期乳腺小叶内腺泡稀少，腺腔狭窄或不明显，腺泡上皮为立方形或矮柱状。

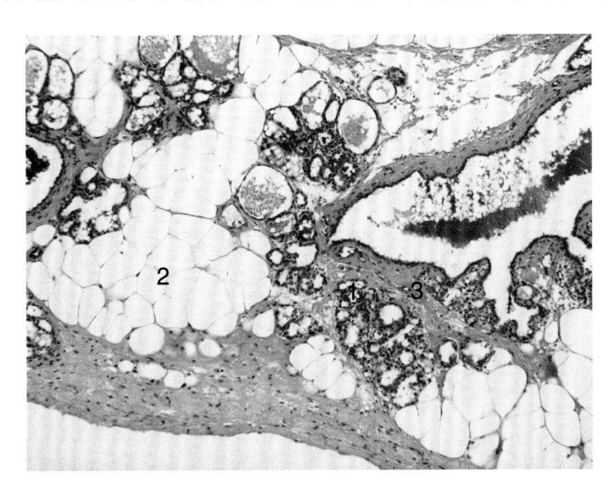

图8-2 静止期乳腺（HE 10×40）

1. 腺泡；2. 脂肪细胞；3. 结缔组织

2.活动期乳腺

（1）低倍镜观察。

由许多腺泡和导管组成。并由结缔组织分隔成许多小叶。乳腺小叶间结缔组织较少，小叶内腺泡很多，腺泡腔内可见染成紫红色的乳汁。小叶间有较大的导管。

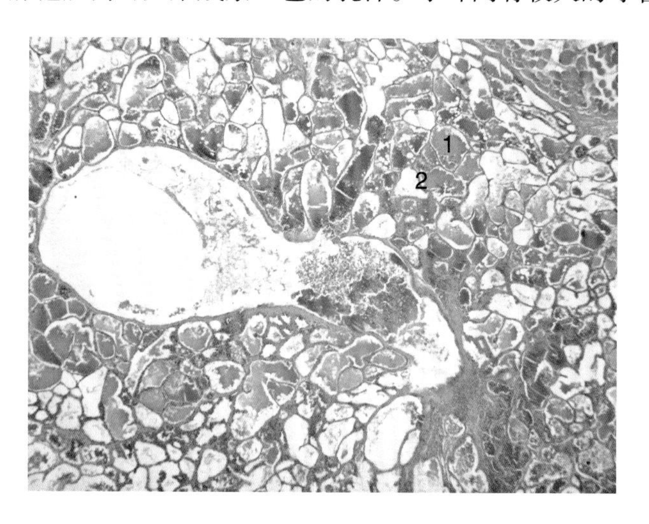

图8-3　活动期乳腺（HE　10×10）

1. 分泌物；2. 腺泡

（2）高倍镜观察。

处于分泌前期的腺泡为单层柱状上皮，细胞近游离面常出现空泡，腺泡腔内含有乳汁；处于分泌后期的腺泡细胞呈立方形或扁平形，腔内有分泌物。小叶间导管管腔比腺泡腔大，管壁由一层或两层柱状上皮细胞组成。

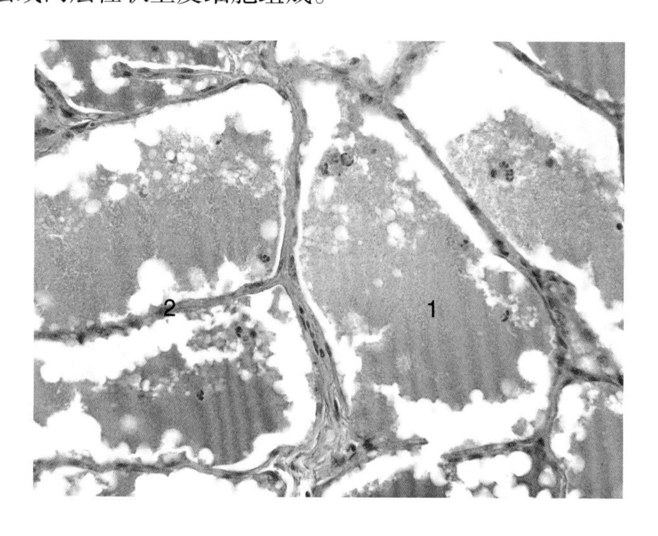

图8-4　活动期乳腺（HE　10×40）

1. 分泌物；2. 腺泡上皮

三、作业

（1）低倍镜下绘图：示皮肤的结构。
标注：表皮、真皮和皮下组织。
（2）高倍镜下绘图：示分泌期乳腺结构。
标注：腺泡、小叶间导管、乳汁。

四、思考题

（1）描述皮肤结构。
（2）表皮各层细胞的结构特点及角化过程。
（3）不同时期乳腺的变化。

第九章

内分泌系统

内分泌系统由机体内独立的内分泌腺和位于其他器官中的小腺或散在的内分泌细胞组成。内分泌腺包括甲状腺、甲状旁腺、肾上腺、脑垂体、松果体等。内分泌腺的结构特点：腺体没有导管，故也称为无管腺，腺细胞通常排列成团状、索状或囊状，腺细胞周围毛细血管丰富。腺细胞产生的分泌物即激素，大多数直接释放入毛细血管或毛细淋巴管内，通过血液循环作用于远处的特定细胞（靶细胞），它与神经系统相辅相成，对机体的生长发育、各种代谢、维持内环境的稳定及对行为和生殖等功能发挥重要的调节和控制作用。

甲状腺位于颈部，靠近气管上段的前面和两侧，一般由两叶组成，外覆一薄层结缔组织膜，被膜随血管和神经伸入腺实质将其分成许多腺小叶。马的被膜和小叶不发达，牛、猪的被膜较厚且分叶明显。每个小叶内含有大量圆形或者不规则形滤泡，滤泡间为疏松结缔组织，含丰富的血管和散在的滤泡旁细胞。滤泡主要分泌甲状腺激素，滤泡旁细胞可分泌降钙素。

甲状旁腺一般都很小，哺乳动物有两对，被膜薄，实质的腺细胞密集排列，内含毛细血管及少量结缔组织，还可见随年龄增多的脂肪细胞，其中牛和猪的间质量较多。腺细胞有主细胞和嗜酸性细胞两种。主细胞合成和分泌甲状旁腺激素，主要作用于骨细胞和破骨细胞，使钙盐溶解，并能促进肠和肾小管吸收钙，从而使血钙升高，与甲状腺分泌的降钙素共同调节机体的血钙平衡。嗜酸性细胞数量少，常见于马和反刍动物。个体较大，数量可随年龄增加，单个或成群分布于主细胞之间。该细胞功能尚未明确。

肾上腺位于肾脏前端，呈三角形或半圆形，表面包以致密结缔组织被膜，含少量平滑肌。肾上腺实质分为皮质和髓质两部分，其中皮质由中胚层发育而来，髓质来源于外胚层。皮质和髓质的结构与功能不同，但两者间存在密切关系。皮质分泌类固醇激素，影响机体的蛋白质代谢、糖代谢和水盐代谢平衡，对应激状态起反应。切除肾上腺，失去盐皮质激素，使肾不能保存钠，引起脱水及外周循环衰竭；髓质分泌肾上腺素和去甲肾上腺素，影响心率及血管平滑肌收缩等。

垂体为一卵圆形小体，位于颅骨蝶骨构成的垂体窝内，是机体内最重要的内分泌腺，可分泌多种激素，调控其他许多内分泌腺，还以神经和血管与下丘脑相连，因此，垂体在神经与内分泌两大整合系统的相互关系中居枢纽地位。垂体由腺垂体和神经垂体两部分组成，表面包有结缔组织被膜，腺垂体分为远侧部、中间部和结节部三部分，神经垂体分为神经部和漏斗。

松果体又称为松果腺或脑上体，因为形似松果而得名，它是由间脑顶部第三脑室后端的神经上皮形成的内分泌腺，以细柄连于第三脑室顶，属神经内分泌系统。松果体由大量松果体细胞、少量神经胶质细胞，另有少量无髓神经纤维和一些钙质沉淀物（称为脑沙）等组成。它的功能是合成和释放褪黑激素，其他功能尚未完全清楚。

一、实验目的

（1）了解内分泌腺的组织结构特点。

（2）掌握甲状腺的光镜结构及其相关功能。

（3）掌握肾上腺的光镜结构及其相关功能。

（4）掌握垂体远侧部、中间部和神经部的微细结构。

二、实验内容

（一）甲状腺

切片：甲状腺，HE染色。

1．低倍镜观察

可见许多甲状腺滤泡，由滤泡上皮细胞围成，大小不等，呈圆形、椭圆形或不规则形；滤泡腔内充满胶体，它是滤泡上皮细胞的分泌物，主要是碘化的甲状腺球蛋白，呈均质嗜酸性。滤泡上皮与胶体之间常有浅染的空泡，有人认为是上皮细胞重吸收分泌物所致，也可能是制作切片中的人工假象。滤泡间为结缔组织。

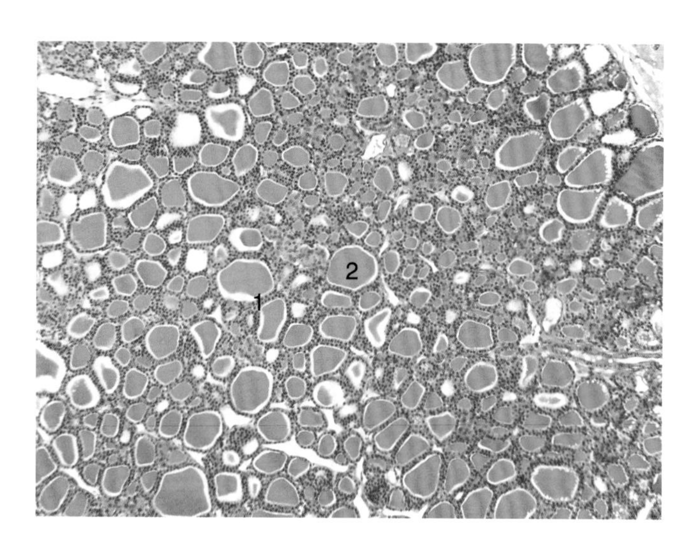

图9-1　甲状腺（HE　10×10）

1. 滤泡；2. 胶体

2．高倍镜观察

滤泡上皮为单层立方上皮，细胞核圆，居中或靠近基底部，染色质颗粒状，胞质为弱嗜碱性，滤泡上皮细胞是组成滤泡的主要细胞，通常为立方形，形态可随功能状态而变化，分泌功能活跃时细胞变高，反之细胞则变矮。

滤泡旁细胞，是甲状腺内另一种内分泌细胞，数量少，成群存在于滤泡间的疏松结缔组织中或单个散在滤泡上皮细胞之间，细胞较大，多为圆形或多边形，细胞核圆居中，胞质着色浅，又称为亮细胞。

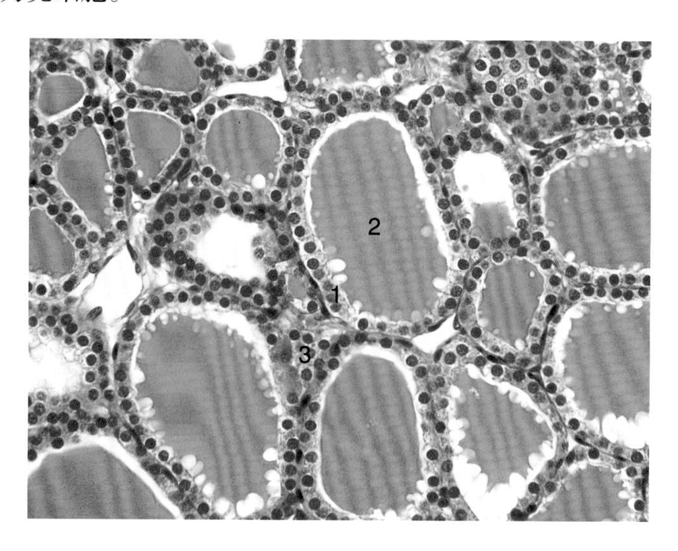

图9-2　甲状腺（HE　10×40）

1. 滤泡上皮；2. 胶体；3. ；滤泡旁细胞

（二）肾上腺

切片：肾上腺，HE染色。

1. 低倍镜观察

肾上腺表面覆有致密结缔组织被膜，含少量平滑肌。被膜的结缔组织伴随血管、神经和淋巴管伸入腺实质。皮质和髓质明显可分，外周为肾上腺皮质，中间浅染的为肾上腺髓质。肾上腺皮质根据细胞的形态结构和排列方式的不同，由内到外分为如下三个带。

① 多形带：位于被膜下方，较薄，约占皮质的15%，细胞较小，聚集成球团状或排列成弓形，染色深。

② 束状带：球状带内最厚，占皮质总体积的75%～80%。细胞排列成单行或双行的细胞索，染色浅。

③ 网状带：位于皮质最内侧，占皮质的5%～7%，细胞排列成索，并相互连成不规则的网，染色深。

肾上腺髓质位于肾上腺中央部分，细胞排列成团块状或索状，细胞间为血窦。髓质内还可见中央静脉的断面。

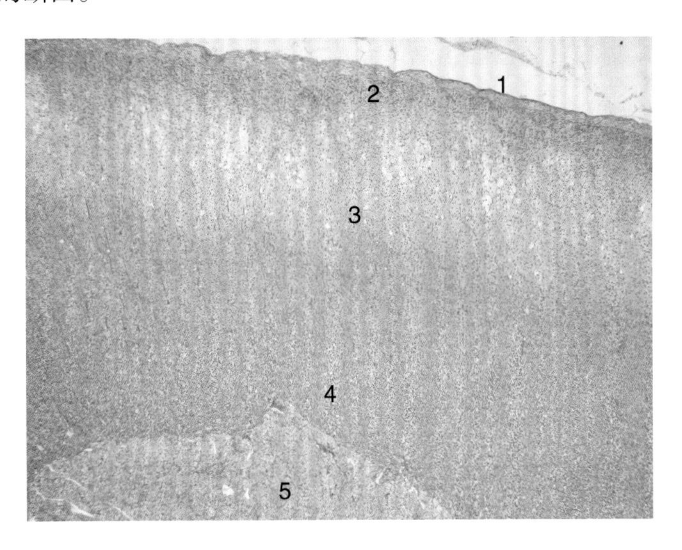

图9–3　肾上腺（HE　10×4）

1. 被膜；2. 多形带；3. 束状带；4. 网状带；5. 髓质

2. 高倍镜观察

多形带细胞的形态和排列方式因动物种类不同而异，反刍动物的排列呈不规则的团块状，又称为球状带；马及肉食动物的细胞呈高柱状，排成弓形；猪为不规则排列。细胞较小，胞质少，弱嗜碱性，含少量脂肪滴，细胞团之间有窦状毛细血管和少量结缔组织。束状带细胞呈多边形或圆形，细胞大，胞质内含有大量脂肪滴，在常规切片标本上染色浅，呈泡沫状，是制片过程中脂滴被溶解所致。胞核圆，较大，着色浅。网状带位于皮质的最内层，与髓质直接相连，细胞排列成索状并吻合成网，胞体圆形，较束状带细胞小，胞质略嗜酸性，胞核小，着色深。肾上腺髓质位于腺体中心，被皮质包围。髓质细胞呈多边形，体积较大，胞质嗜碱性。胞核大，染色浅。细胞间可见窦状毛细血管和少量结缔组织。

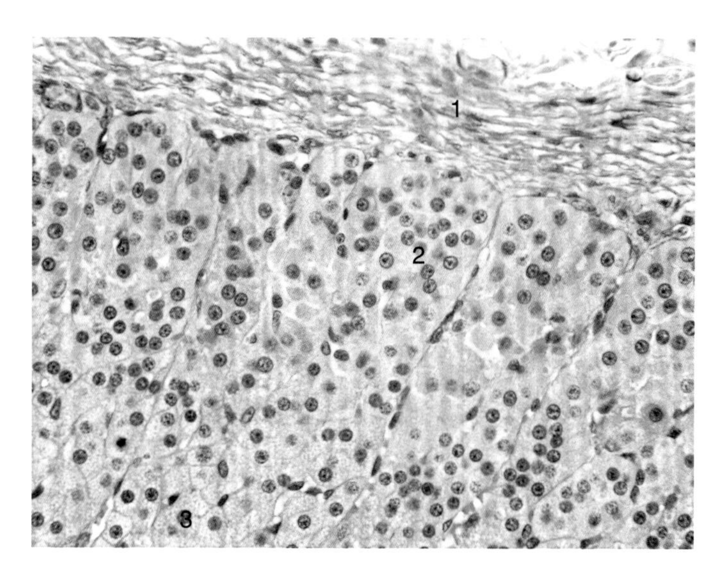

图9-4 肾上腺（HE 10×40）

1. 被膜；2. 球状带；3. 束状带

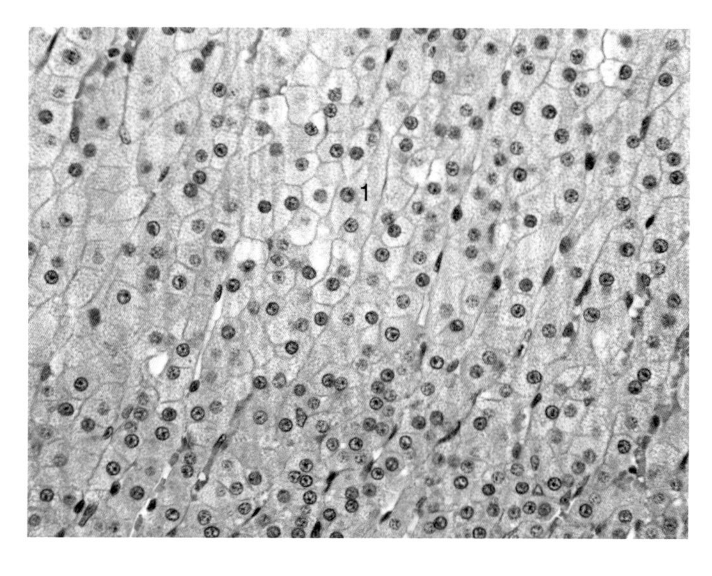

图9-5 肾上腺（HE 10×40）

1. 束状带

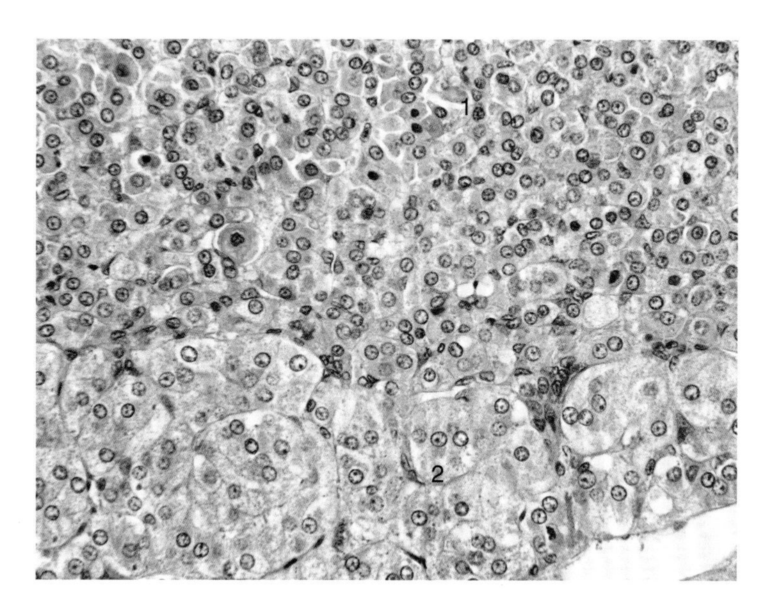

图9-6　肾上腺（HE　10×40）

1. 网状带；2. 髓质

（三）垂体

切片：垂体，HE染色。

1. 肉眼观察

可见染色较深的部分为远侧部，染色较浅部分为神经部，两者之间为中间部。

2. 低倍镜观察

① 远侧部：是构成腺垂体的主要部分，腺细胞呈索团状排列，细胞间有丰富的窦状毛细血管和少量结缔组织。依据腺细胞着色的差异，可将其分为嗜色细胞和嫌色细胞两大类，嗜色细胞又分为嗜酸性细胞和嗜碱性细胞两种。嗜酸性细胞：胞质内含有许多嗜酸性颗粒，染色呈红色。嗜碱性细胞：胞质内有嗜碱性颗粒，染色呈紫色。嫌色细胞：细胞体积小，胞质着色浅，界限不清。

② 中间部：是位于远侧部与神经部之间的狭窄部分。细胞排列成滤泡状，也有的细胞排列成团索状。滤泡由单层立方上皮围成，胞质弱嗜碱性，核圆居中，染色浅。滤泡腔内有胶体物质。

③ 神经部：有许多无髓神经纤维（淡红色）和神经胶质细胞核，其间为毛细血管。可见呈嗜酸性染色的赫令氏体。

3. 高倍镜观察

① 远侧部：嗜酸性细胞胞体较大，数量较多，呈圆形或椭圆形，核圆，常偏于细胞

一侧，胞质内含有嗜酸性颗粒。嗜碱性细胞数量最少，胞体最大，呈卵圆形或多边形，胞质内含有嗜碱性颗粒，核着色深，染色质呈颗粒状。嫌色细胞数量最多，胞体最小，呈圆形或多边形，胞质少，着色浅，故细胞轮廓不清。

② 神经部：可见有的神经胶质细胞内含有棕色色素颗粒。赫令氏体呈均质状，大小不等，染成红色。

（四）胰岛

切片：胰腺，HE染色。

1. 低倍镜观察

腺实质被分隔成许多大小不等的区域，即胰腺小叶；每个小叶内有许多染成紫红色的腺泡及导管的不同断面（外分泌部）；小叶间结缔组织内有较大的导管；腺泡之间的淡染区为胰岛。

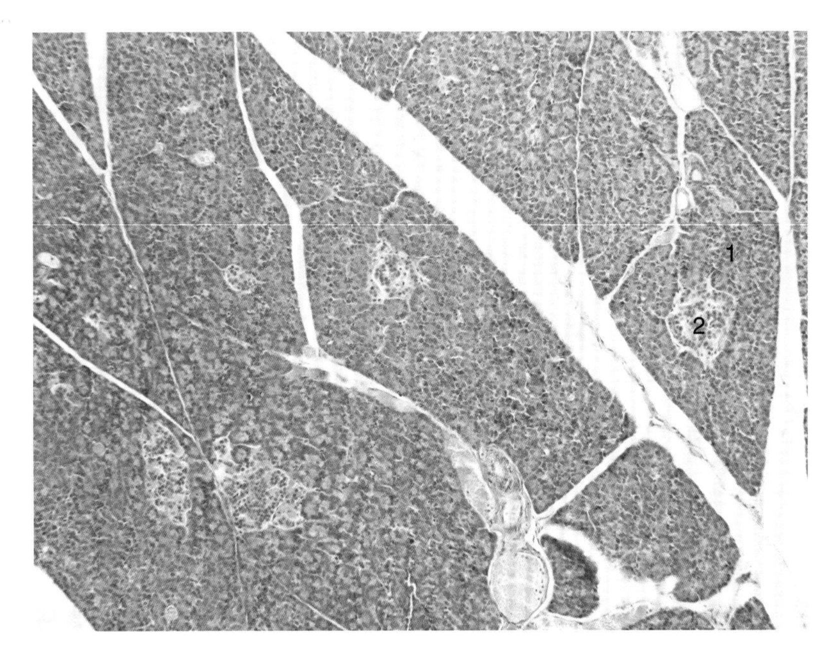

图9-7　胰脏（HE　10×10）

1. 外分泌部；2. 胰岛

2. 高倍镜观察

腺泡为纯浆液性腺泡，腺细胞呈锥体形，核圆，近基底部，顶部胞质含嗜酸性颗粒，细胞基部嗜碱性。腺泡腔中可见泡心细胞，其胞质少，着色浅，界限不清，只能看到一至数个浅染的细胞核；腺泡之间可找到闰管。腺泡之间散在的染色浅的细胞团称为胰岛，大小不等，形状不规则，细胞间有丰富的毛细血管。

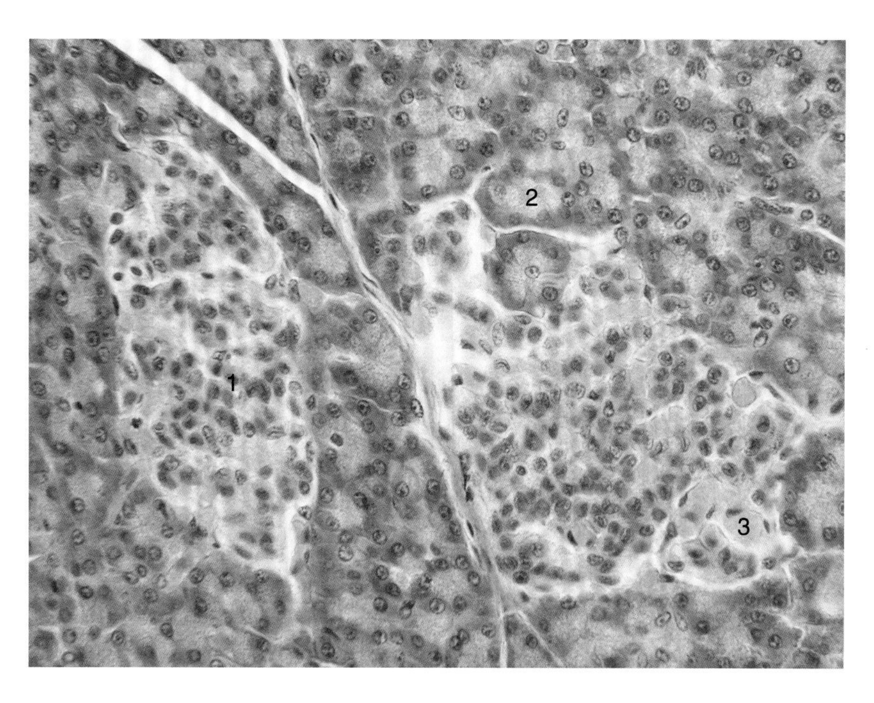

图9-8　胰脏（HE　10×40）

1. 胰岛；2. 浆液性腺泡；3. 毛细血管

三、作业

（1）高倍镜下绘图：示甲状腺的局部。
标注：滤泡上皮、胶体、滤泡旁细胞。
（2）高倍镜下绘图：示肾上腺的结构。
标注：被膜、多形带、束状带、网状带、髓质。

四、思考题

（1）甲状腺激素的合成、贮存和释放过程与结构的关系。

（2）分泌降钙素和甲状旁腺素的细胞及两种激素对血钙含量的调节作用的有关组织学机制。

（3）试述下丘脑与腺垂体和神经垂体的关系。

（4）试述肾上腺的一般结构及所分泌的激素。

第十章

消化管

消化系统由消化管与消化腺组成。消化管是从口腔至肛门的一条连续肌性管道，可依次分为口腔、咽、食管、胃、小肠、大肠和肛门，主要功能是对饲料进行物理性、化学性和微生物性消化，将其分解为结构简单的小分子物质，如氨基酸、单糖、甘油酯等，经小肠上皮吸收入血液和淋巴，供机体生长和代谢的需要。未消化的饲料残渣由消化管排出体外。消化管还有内分泌功能，能分泌多种激素，调节消化器官的活动。消化管壁中丰富的淋巴组织则是构成机体的防御屏障。消化管免疫是机体免疫的一个重要方面。

消化管的各个器官具有一定的结构与功能特点，但它们也具有一些共同特征，表现在从食管到大肠的管壁均可以分为四层，由内到外依次为黏膜层、黏膜下层、肌层和外膜。黏膜层是消化管最内层，是消化管各段结构差异最大、功能最重要的部分。由上皮、固有层和黏膜肌组成。黏膜下层为疏松结缔组织，内含大血管、淋巴管、神经纤维和黏膜下神经丛。在食管与十二指肠，此层分别含食管腺与十二指肠腺。肌层除咽、食管上段和肛门处为骨骼肌外，其余均为平滑肌。肌层一般分为内环形、外纵行两层，其间有肌间神经丛。外膜由薄层结缔组织构成者称为纤维膜，分布于咽、食管和大肠末端。由薄层结缔组织与间皮共同构成者称为浆膜，见于胃、大部分小肠与部分大肠。

一、实验目的

（1）掌握消化管壁的基本结构。

（2）掌握消化管各段黏膜的特点。

（3）了解胃肠内分泌细胞的分布、主要类型和功能。

二、实验内容

（一）食管

切片：食管，HE染色。

1. 肉眼观察

食管横切面呈椭圆形，黏膜向管腔突出形成数个皱襞，故管腔面凹凸不平。

2. 低倍镜观察

本片为食管横切面，自管腔内向外，管壁分为四层结构。

① 黏膜：管腔面染色深者为上皮（复层扁平上皮）。由于动物种类和食性的不同，食管黏膜上皮发生不同程度的角质化。上皮下浅色区为固有层，内含小血管、食管腺导管等。在外，有一薄层淡红色结构为黏膜肌层。

② 黏膜下层：为黏膜下染色淡的部分，由疏松结缔组织构成，内含血管、食管腺。但不同动物食管腺的性质和数量不一样。

③ 肌层：肌组织类型因动物种类和吞咽特点而异。

④ 外膜：最外层，为结缔组织构成。

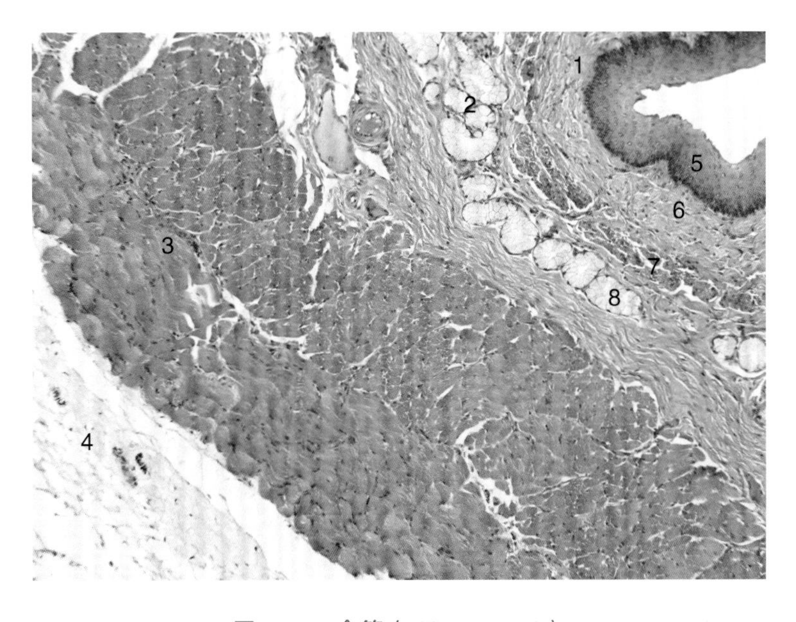

图10-1 食管（HE 10×10）

1.黏膜；2. 黏膜下层；3.肌层；4. 外膜；5. 上皮；6. 固有层；7. 黏膜肌层；8. 食管腺

3．高倍镜观察

找到管腔面颜色深的即为复层扁平上皮，可见上皮厚，细胞层数多，上皮基底面凹凸不平，呈波浪状。从游离面向基底面观察，上皮细胞可分为三个层次，表层由数层扁平状的细胞构成，染色淡，胞核椭圆形，与上皮表面平行；中间层细胞大，层数多，由多边形或梭形的细胞构成，着色较浅，胞体较大，胞界清楚，胞核圆形或椭圆形，位于中央；基底层细胞呈立方形或矮柱状，位于基膜上，排列紧密，胞核椭圆形，着色深，胞界不清，易与基膜下淡红色的结缔组织相区别。

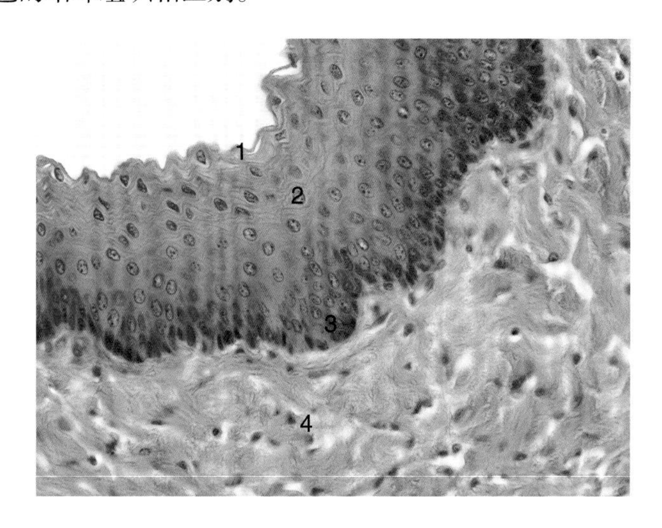

图10-2　食管黏膜（HE　10×40）

1. 表层细胞；2. 中间层细胞；3. 基底层细胞；4. 固有层

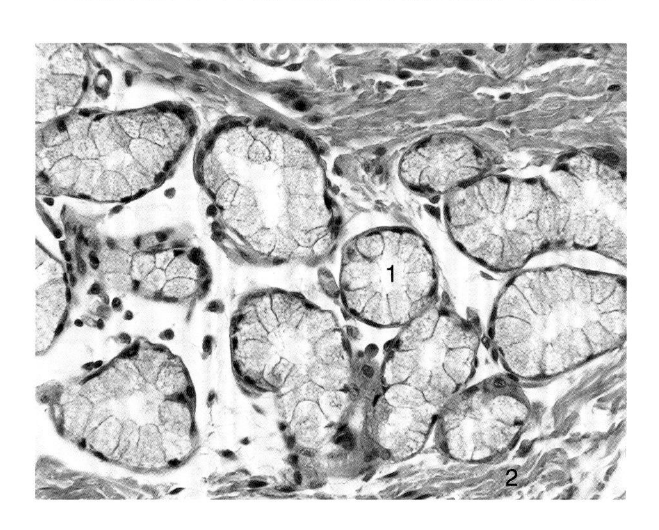

图10-3　食管黏膜下层（HE　10×40）

1. 食管腺；2. 结缔组织

（二）胃底

切片：胃底，HE染色。

1. 低倍镜观察

胃底壁结构，高低不平的一面为胃壁的腔面，另一面为外膜。先分清楚胃壁四层结构，重点观察黏膜。

① 黏膜：较厚，表面有许多皱襞，故腔面高低不平，皱襞由黏膜和黏膜下层构成，表面为单层柱状上皮，上皮下为固有层，上皮向固有层内陷形成许多凹陷，即胃小凹，固有层有许多纵行单管状腺，开口于胃小凹底部，固有层下为薄层黏膜肌层，由内环外纵两层平滑肌构成。

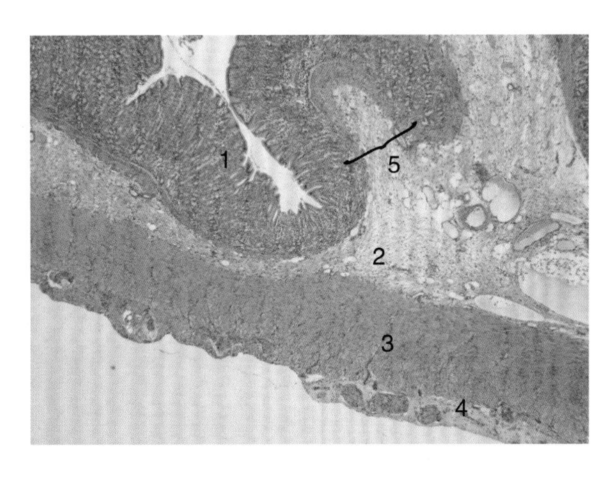

图10-4　胃（HE　10×4）

1. 黏膜；2. 黏膜下层；3. 肌层；4. 外膜；5. 皱襞

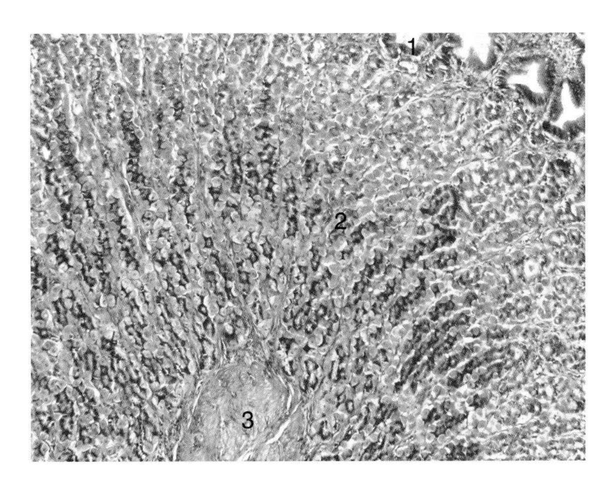

图10-5　胃黏膜（HE　10×10）

1. 胃小凹；2. 胃腺；3. 固有层

② 黏膜下层：为疏松结缔组织构成，内含血管、淋巴管、黏膜下神经丛等。

③ 肌层：较厚，由三层平滑肌构成。

④ 外膜：为浆膜，由少量疏松结缔组织和间皮共同构成。

2. 高倍镜观察

① 上皮：上皮细胞顶部充满黏原颗粒，因制片过程中被溶解，故胞浆着色浅，透明，胞核位于基部。

② 胃底腺：由主细胞、壁细胞、颈黏液细胞和内分泌细胞组成。主细胞（胃酶细胞），以胃底腺较多，细胞呈柱状，核圆位于细胞基部，核上区着浅蓝色（因颗粒在制片过程中被溶解而呈泡沫状），细胞基部胞质嗜碱性强，着紫蓝色；壁细胞（盐酸细胞）在腺的体部和颈部较多，胞体大，呈圆锥形，核圆，染色深，胞质嗜酸性（着红色）。颈黏液细胞位于腺体颈部，呈楔形，核扁圆，居细胞基底部，胞质着色淡，这种细胞数量少。

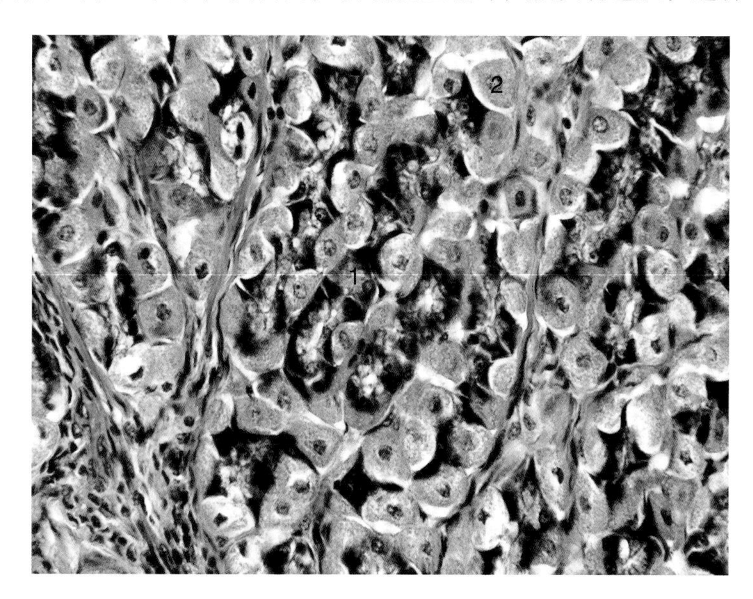

图10-6 胃底腺（HE 10×40）

1. 主细胞；2. 壁细胞

（三）十二指肠

切片：十二指肠横切，HE染色。

1. 肉眼观察

小肠横切面一般呈圆形或椭圆形，中央的空腔为肠腔，自肠腔由内向外，管壁最内层呈蓝色的是黏膜，黏膜外呈淡红色的是黏膜下层，黏膜下层外呈深红色的是肌层，最外层淡红色的组织是浆膜。

2. 低倍镜观察

可见肠腔的四层结构，有指状突起的一面为黏膜，另一面为浆膜。先将四层看清楚，再由表层向深层观察。

① 黏膜：可见皱襞由黏膜和部分黏膜下层共同突向肠腔而形成。在皱襞上和皱襞间有许多叶状突起，即绒毛，由上皮和固有层形成。黏膜肌层由内环外纵两层平滑肌组成。

② 黏膜下层：由疏松结缔组织构成，含较多血管、神经、淋巴管、黏膜下神经丛。此外，黏膜下层内有十二指肠腺，为复管泡状的黏液腺，腺上皮为单层柱状，胞质染色浅，核扁圆，位于细胞基部，其导管穿过黏膜肌层开口于小肠腺底部。

③ 肌层：由内环外纵两层平滑肌组成，两层肌间结缔组织内有肌间神经丛。

④ 外膜：为浆膜。

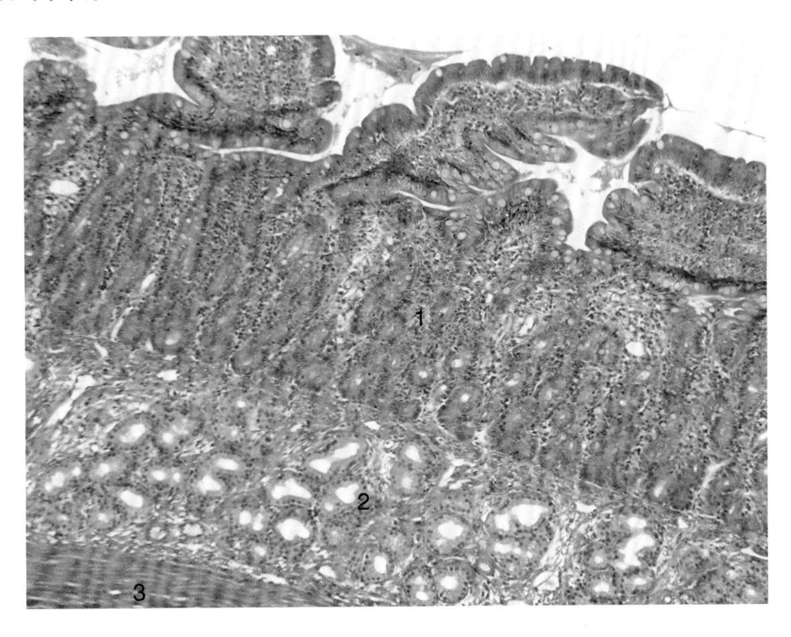

图10-7 十二指肠（HE 10×10）

1. 黏膜；2. 黏膜下层；3. 肌层

3. 高倍镜观察

重点观察绒毛和肠腺。

① 绒毛：呈叶状（纵切面），但其横切面和斜切面形状不同，表面覆以单层柱状上皮，其间夹有杯状细胞（上皮内卵圆形空亮处为杯状细胞，其核位于基部），上皮游离面有一层红色致密层，即纹状缘，绒毛中轴为固有层，结缔组织内有1～2条纵向行走的毛细淋巴管，称中央乳糜管，管腔较毛细血管大，管壁由内皮细胞组成。固有层内还可看到毛细血管及散在的纵向平滑肌。

② 肠腺：为单管状腺，由吸收细胞、杯状细胞、内分泌细胞、潘氏细胞、未分化细胞组成。吸收、杯状细胞如前述，潘氏细胞为小肠腺的特征性细胞，三五成群，居腺底部，细胞呈锥体形，胞质顶部充满粗大嗜酸性（染成红色）颗粒。

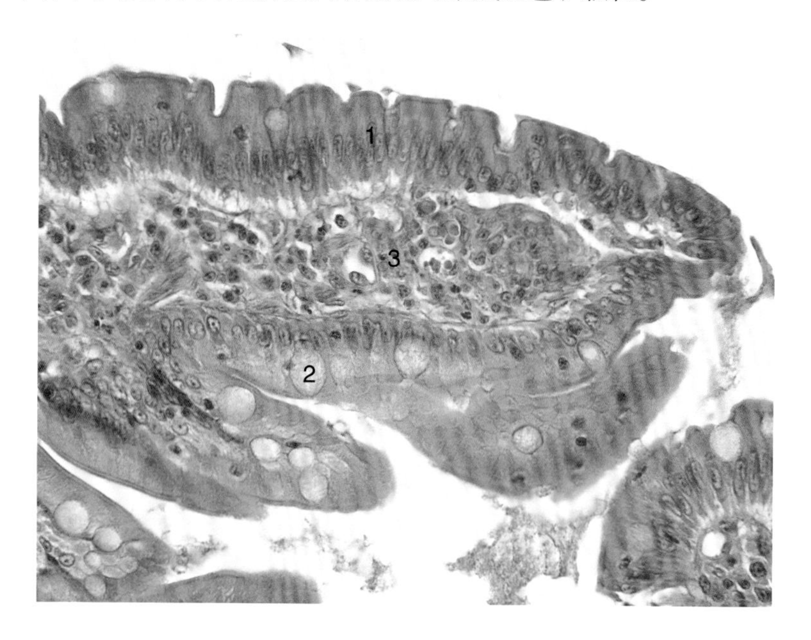

图10-8　十二指肠（HE　10×40）

1. 柱状细胞；2. 杯状细胞；3. 固有层

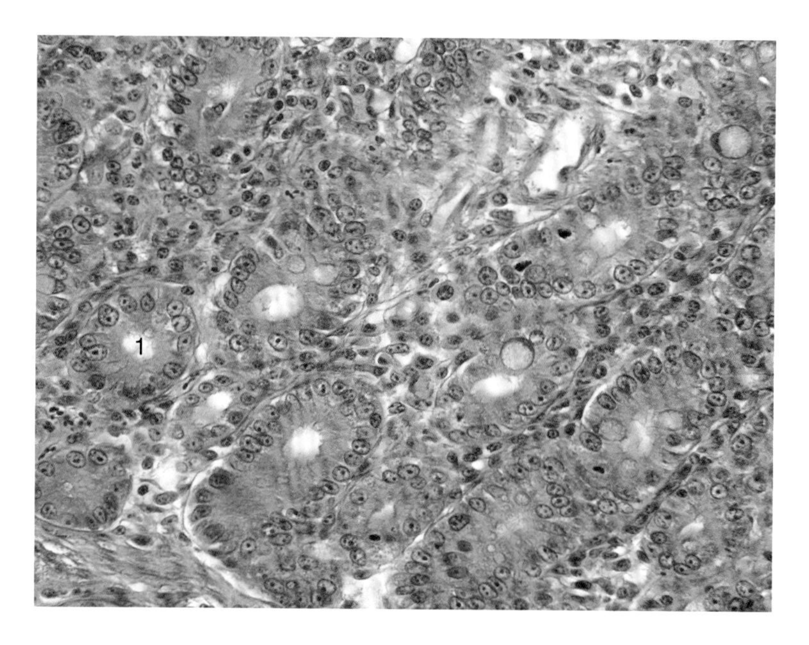

图10-9　十二指肠固有层（HE　10×40）

1. 肠腺

（四）空肠

切片：空肠横切，HE染色。

低倍镜观察

标本结构基本与十二指肠相似。主要特点是：

① 空肠的绒毛发达，呈指肠；

② 黏膜下层无肠腺。

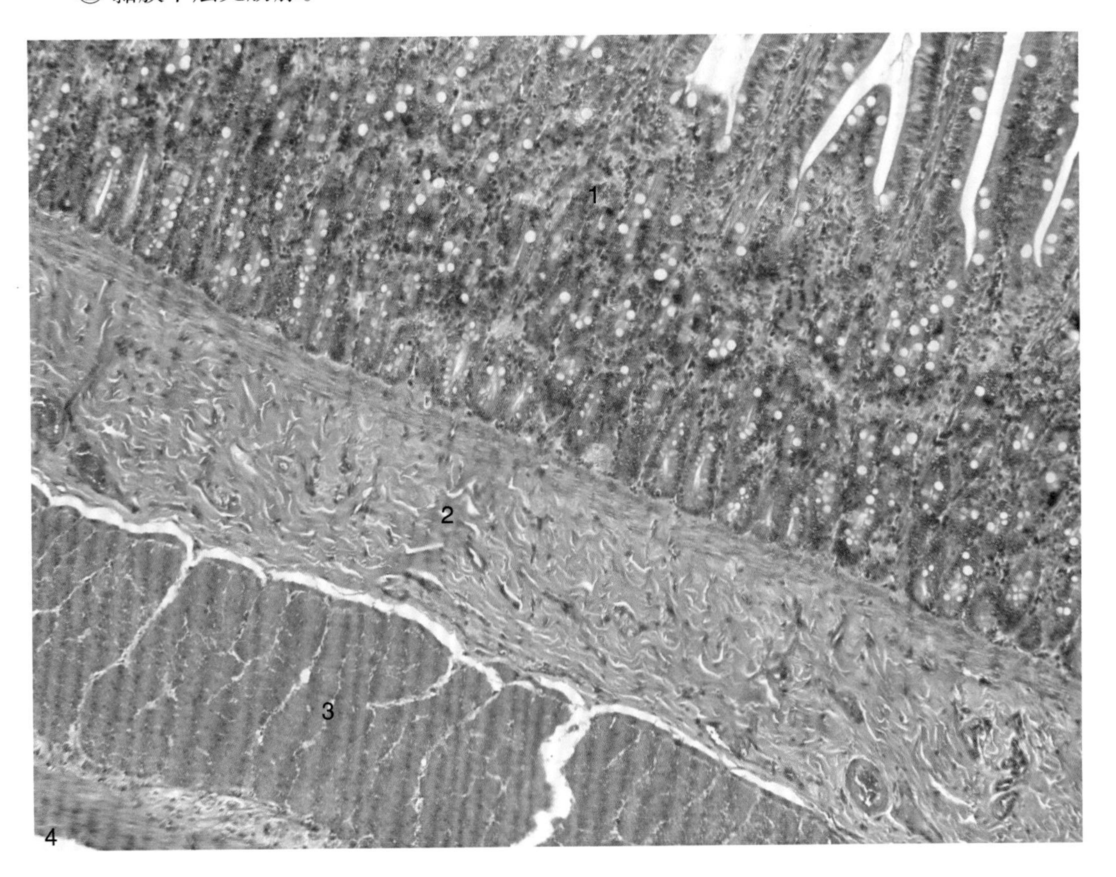

图10-10 空肠（HE 10×10）

1. 黏膜；2. 黏膜下层；3. 肌层；4. 外膜

（五）回肠

切片：回肠横切，HE染色。

主要特点是固有层中有集合淋巴小结。

三、作业

（1）低倍镜下绘图：示食管局部。

标注：黏膜层、黏膜下层、肌层和外膜。

（2）高倍镜下绘图：示小肠结构。

标注：黏膜、黏膜下层、肌层、外膜、肠绒毛、肠腺、中央乳糜管、潘氏细胞。

四、思考题

（1）消化管壁结构的共同特征。

（2）试述扩大小肠吸收功能的结构。

（3）比较胃底腺主细胞和壁细胞的结构特点及功能。

第十一章

消化腺

消化腺包括分布于消化管壁内的许多小消化腺（如胃腺、肠腺等）和构成器官的大消化腺（唾液腺、胰腺和肝脏）。大消化腺是实质性器官，分实质和间质两部分。实质由腺泡及导管组成，间质为被膜和小叶间结缔组织。大消化腺的分泌物经导管排入消化管，对食糜进行消化，有的腺体还有内分泌等功能。

肝脏是体内最大的腺体，它产生的胆汁经胆管输入十二指肠，参与脂类物质的消化。但肝脏具有不同于其他消化腺的复杂功能及其相应的结构特点。肝细胞的排列分布特殊，不形成腺泡；肝内有丰富的血窦，并与每个肝细胞直接相邻，肝细胞从血液中摄取多种物质进行分解、合成、贮存、转化等代谢活动；肝脏具有强大的防御和免疫功能，肝内大量的枯否氏细胞，能清除异物和有害物质。肝表面覆以结缔组织被膜，表面大部分有间皮覆盖。肝门处的结缔组织随门静脉、肝动脉和肝管的分支伸入肝实质，将实质分隔成许多肝小叶；肝小叶之间的结缔组织内有从肝门进出的门静脉、肝动脉和肝管在肝内反复分支而成的三种管道的断面，这三种管道分别称为小叶间静脉、小叶间动脉和小叶间胆管；此外，还有淋巴管和神经纤维，此区称肝门管区。

胰腺是重要的消化腺，表面覆以薄层结缔组织被膜，结缔组织伸入腺内，将实质分隔成许多小叶。胰腺的实质由外分泌部和内分泌部组成。外分泌部分泌胰液，含多种消化酶，经导管排入十二指肠，在食糜消化中起重要作用。内分泌部是散在于外分泌部之间的细胞团，称胰岛，其分泌的激素进入血液和淋巴，主要参与调节糖的代谢。

一、实验目的

（1）掌握浆液性腺、黏液性腺和混合性腺的结构特点。
（2）掌握胰腺的结构和功能。
（3）掌握肝脏的基本结构和功能。

二、实验内容

（一）腮腺

切片：腮腺，HE染色。

1．低倍镜观察

腺实质被结缔组织分隔成许多腺小叶，小叶由纯浆液性腺泡及导管构成，腺泡大小不等，形状不规则；腺细胞染色深，呈紫红色；腺泡间染色较红，管腔较大的为纹状管的断面。

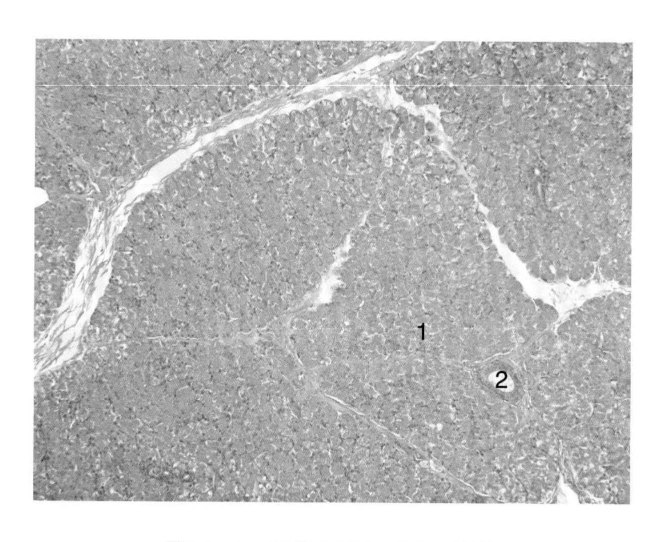

图11-1　腮腺（HE　10×10）

1. 浆液性腺泡；2. 导管

2．高倍镜观察

腺细胞呈锥体形或立方形、核圆，位于基部，基部胞质嗜碱性（紫蓝色），顶部胞质含较多嗜酸性分泌颗粒。腺细胞基底部与基膜之间有梭形的肌上皮细胞核。腺泡之间可找到闰管，其管径细，管壁为单层扁平或立方细胞。纹状管由高柱状上皮组成，核圆，位于细胞中央。

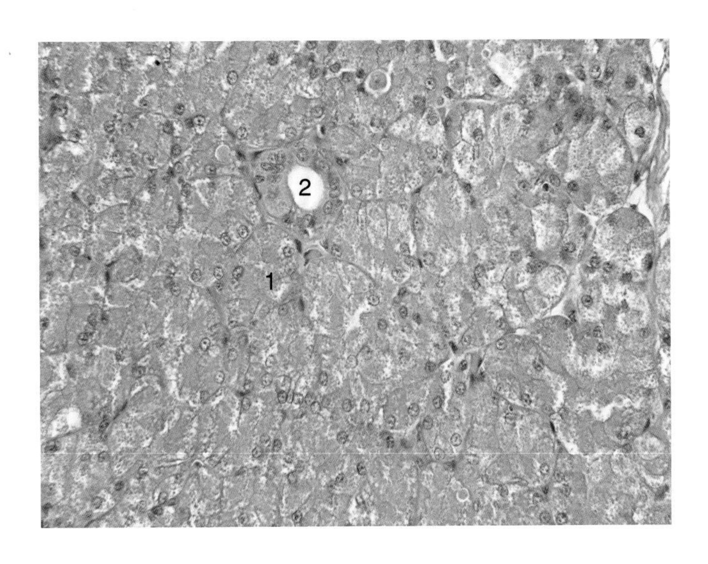

图11-2　腮腺（HE　10×40）

1. 浆液性腺泡；2. 导管

（二）舌下腺

切片：舌下腺，HE染色。

1. 低倍镜观察

腺实质被结缔组织分隔成许多小叶，小叶由黏液腺和混合性腺泡及导管构成；舌下腺半月状细胞较多，无闰管，纹状管较短。

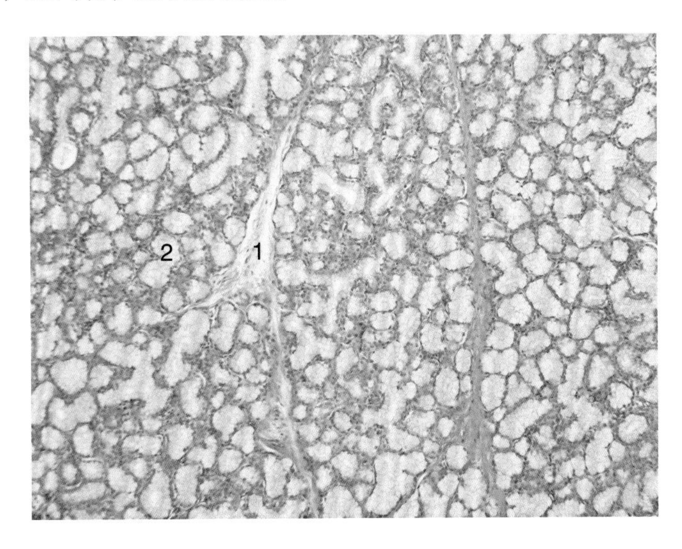

图11-3　舌下腺（HE　10×10）

1. 结缔组织；2. 腺泡

2. 高倍镜观察

黏液性腺泡由黏液性腺细胞构成，细胞呈锥体形或立方形，核扁圆，位于细胞基底部，胞浆染色浅，呈浅蓝色；混合性腺泡以黏液性腺细胞为主，几个浆液性腺细胞位于腺底部，呈半月状，称为浆半月。

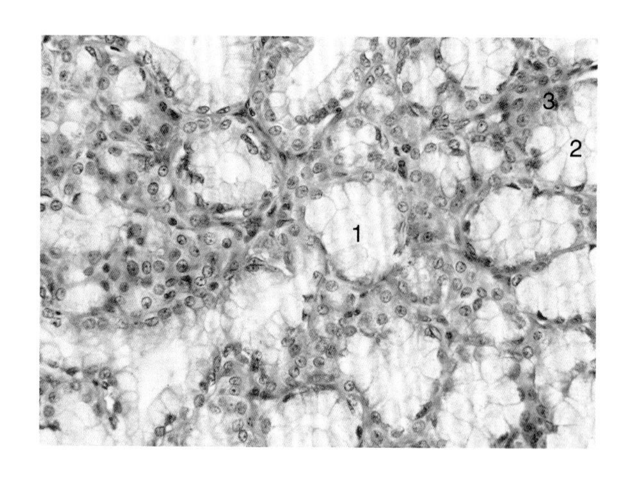

图11-4 舌下腺（HE 10×40）

1. 黏液性腺泡；2. 混合性腺泡；3. 浆半月

（三）下颌腺

切片：下颌腺，HE染色。

1. 低倍镜观察

腺实质被结缔组织分隔成许多小叶，小叶由较多的浆液性腺泡和较少的黏液性腺泡和混合性腺泡及导管构成；下颌腺闰管短，纹状管发达。

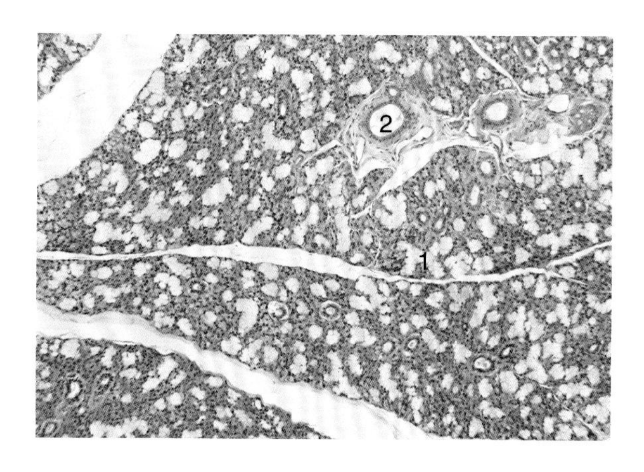

图11-5 下颌腺（HE 10×10）

1. 腺泡；2. 导管

2. 高倍镜观察

浆液性腺泡着色深，由浆液性腺细胞组成，腺细胞呈锥体形或立方形、核圆，位于基部，基部胞质嗜碱性（紫蓝色），顶部胞质含较多嗜酸性分泌颗粒；黏液性腺泡由黏液性腺细胞组成，细胞呈锥体形或立方形，核扁圆，位于细胞基底部，胞浆染色浅，呈浅蓝色；混合性腺泡以黏液性腺细胞为主，几个浆液性腺细胞附于腺泡基底部，形成浆半月。

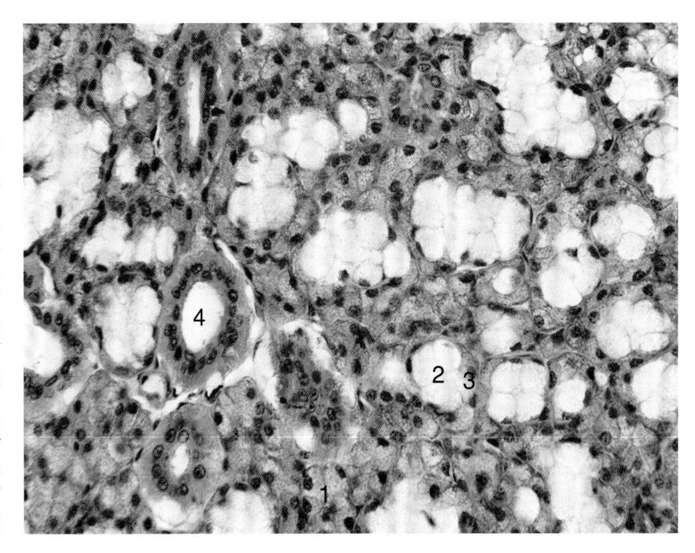

图11-6　下颌腺（HE　10×40）

1. 浆液性腺；2. 混合性腺；3. 浆半月；4. 导管

（四）肝

切片：肝，HE染色。

1. 低倍镜观察

标本显示的多边形结构为肝小叶，小叶中央的腔为中央静脉，中央静脉四周呈放射状排列的条索为肝细胞索（肝索），索之间的空隙为肝血窦；几个相邻肝小叶间的结缔组织中含有小叶间动脉、小叶间静脉、小叶间胆管的断面，该部位为门管区。

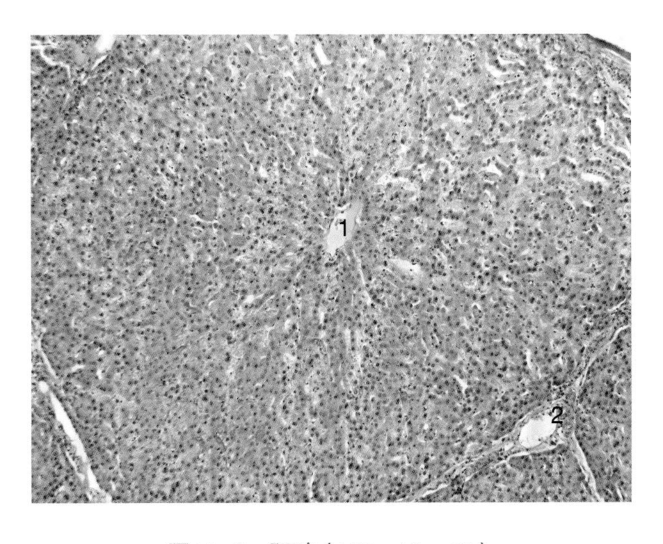

图11-7　肝脏（HE　10×10）

1. 中央静脉；2. 门管区

2. 高倍镜观察

肝索由1～2行肝细胞组成。肝细胞为多边形，有1～2个细胞核。核大而圆，胞质嗜酸性，分界清楚。肝血窦位于肝索之间，形状不规则，窦壁主要为内皮细胞，核扁，着色较深，紧贴肝索。在肝血窦内有许多形态不规则的细胞，体积大，胞浆丰富并伸出许多小突起，为肝枯否氏细胞。门管区中的小叶间动脉腔小壁厚，小叶间静脉腔大壁薄，形状不规则，小叶间胆管上皮为单层立方上皮或单层柱状上皮。

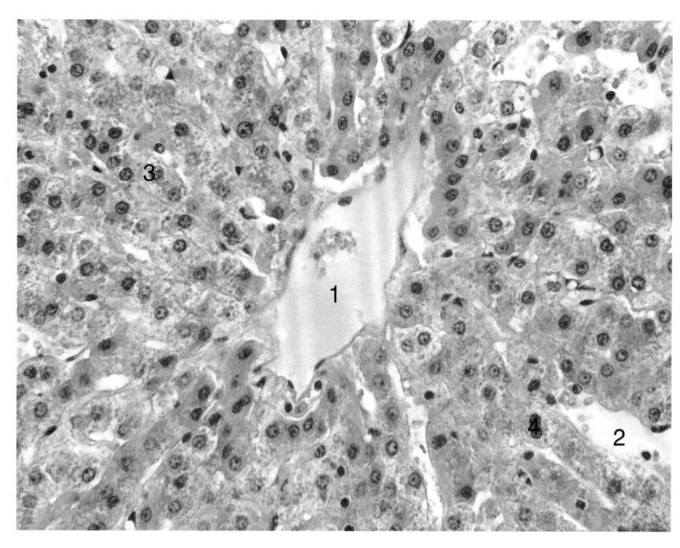

图11-8 肝脏（HE 10×40）

1. 中央静脉；2. 肝血窦；3. 肝索；4. 双核肝细胞

（五）胰腺

切片：胰脏，HE染色。

1. 低倍镜观察

腺实质被结缔组织分隔成许多大小不等的区域，即胰腺小叶；每个小叶内有许多染成紫红色的腺泡及导管的不同断面（外分泌部）；小叶间结缔组织内有较大的导管；腺泡之间的淡染区为胰岛。

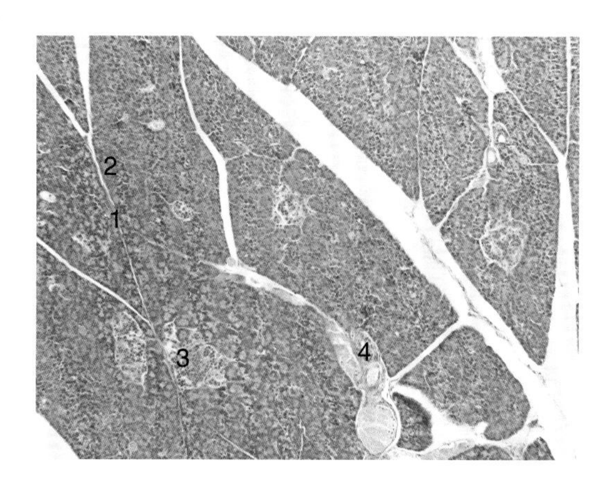

图11-9 胰脏（HE 10×10）

1. 结缔组织间隔；2. 外分泌部；3. 胰岛；4. 小叶间导管

2. 高倍镜观察

腺泡为纯浆液性腺泡，腺细胞呈锥体形，核圆，近基底部，顶部胞质含嗜酸性颗粒，细胞基部嗜碱性。腺泡腔中可见泡心细胞，其胞质少，着色淡，界限不清，只能看到一至数个浅染的细胞核；腺泡之间可找到闰管。腺泡之间散在的染色浅的细胞团称为胰岛，大小不等，形状不规则，细胞间有丰富的毛细血管。

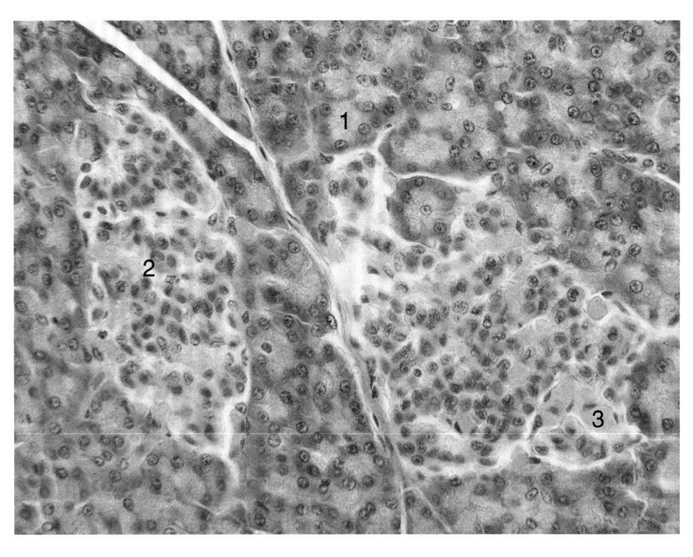

图11-10 胰脏（HE 10×40）

1. 浆液性腺泡；2. 胰岛；3. 毛细血管

（六）胆囊

切片：胆囊，HE染色。

1. 低倍镜观察

胆囊壁分三层。

① 黏膜：有许多皱襞、上皮为单层柱状上皮，固有层为薄层结缔组织，有丰富的血管、淋巴管、弹性纤维，皱襞之间的上皮向固有层延伸，形成深陷的黏膜窦。

② 肌层：较薄，为平滑肌，肌纤维排列不规则。

③ 外膜：较厚，为疏松结缔组织，表面大部分覆盖间皮。

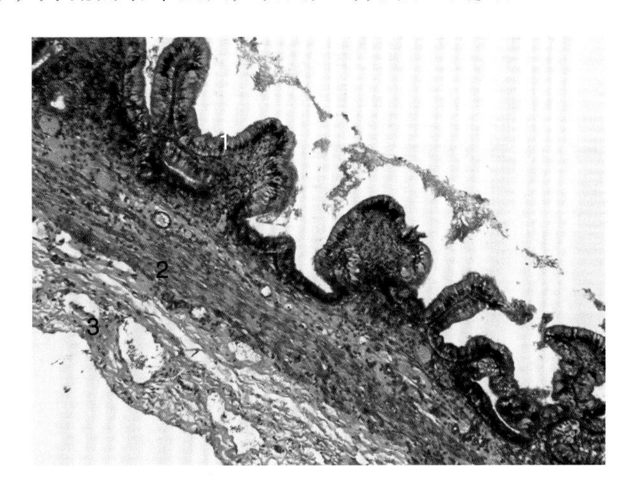

图11-11 胆囊（HE 10×10）

1. 黏膜；2. 肌层；3. 外膜

2. 高倍镜观察

黏膜上皮为单层柱状上皮，无杯状细胞。

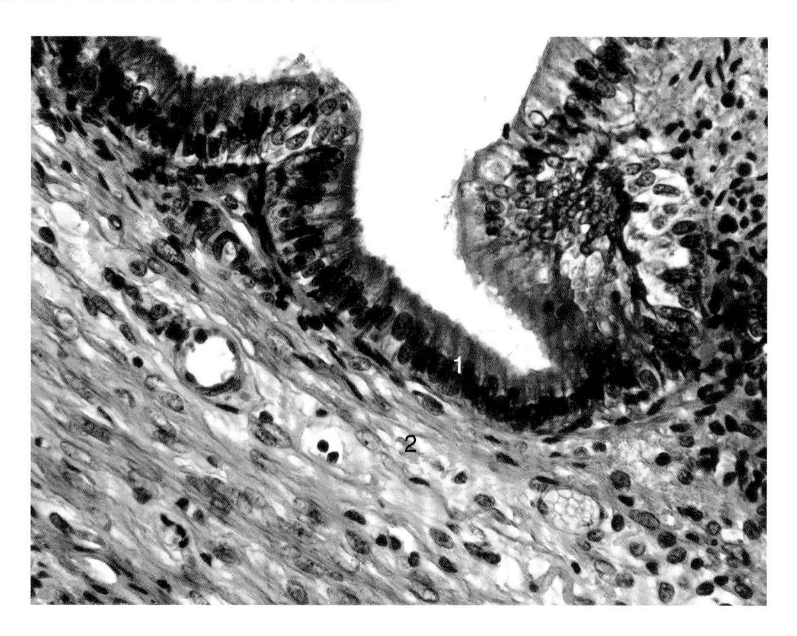

图11-12　胆囊黏膜（HE　10×40）

1. 单层柱状上皮；2. 固有层

三、作业

（1）高倍镜下绘图：示肝脏局部。

标注：中央静脉、肝索、肝血窦，枯否氏细胞、门管区、小叶间动脉、小叶间静脉、小叶间胆管。

（2）高倍镜下绘图：示胰脏结构。

标注：腺泡、胰岛。

四、思考题

（1）腮腺、舌下腺、下颌腺的结构特点。

（2）试述肝小叶的结构。

（3）肝细胞与胆小管的关系。

（4）试述胰岛内分泌细胞的结构特点和功能。

第十二章

呼吸系统

呼吸系统由鼻、咽、喉、气管、支气管及肺等器官组成，可分为导气部和呼吸部两部分。导气部包括鼻、咽、喉、气管、支气管直到肺内的终末细支气管，具有保持气道畅通和净化吸入气体的重要作用，同时鼻有嗅觉功能，鼻、喉与发声有关。呼吸部由肺内的呼吸性细支气管、肺泡管、肺泡囊和肺泡构成，因其管壁上均有肺泡的开口，故可进行气体交换，完成呼吸功能。

气管为中空性管道，其上连于喉，下端分支形成左右支气管。气管壁由很多“C”字形的透明软骨环及其间的韧带构成，起支架作用，以保证气道畅通无阻；软骨环缺口处有平滑肌及结缔组织填充，其舒缩可调节气管管径大小。气管管壁结构可分为黏膜层、黏膜下层和外膜。黏膜层由假复层纤毛柱状上皮和固有层结缔组织构成；黏膜下层结缔组织较疏松，有大量混合性气管腺分布；外膜厚，由结缔组织和起支架作用的透明软骨环组成。

肺为实质性器官，由被膜、肺实质及肺间质构成。其被膜表面覆盖有间皮，间皮深面为结缔组织。肺实质如海绵状，由支气管的各级分支和末端的肺泡构成；支气管入肺后反复分支犹如树枝状，又称为支气管树。肺实质的导管部包括各级小支气管、细支气管、终末细支气管。小支气管的管壁结构与气管相似，不同的是软骨环变成软骨片，黏膜层和黏膜下层之间出现了平滑肌纤维。随着分支，管壁越薄，杯状细胞、混合腺、软骨片逐渐减少。细支气管其各级分支和肺泡构成肺小叶，是肺的结构单位，上皮逐渐变为单层纤毛柱状上皮；杯状细胞、混合腺、软骨片更少或渐渐消失，平滑肌相对增加，渐成环形层，后者收缩可使黏膜产生皱襞。终末细支气管的上皮为单层柱状上皮，含有纤毛细胞；杯状细胞、混合腺、软骨片消失，平滑肌形成完整的环形肌，其舒缩可调节局部气流量。肺呼吸部包括呼吸性细支气管、肺泡管、肺泡囊和肺泡。呼吸性细支气管为最小的支气管，上皮由单层柱状上皮渐变为单层立方、单层扁平上皮，固有层很薄，含有弹性纤维、网状纤维、平滑肌，其末端分支形成肺泡管。肺泡管为许多肺泡的共同通道，更多的肺泡开口使管壁残缺不全，上皮为单层立方或单层扁平，管壁的平滑肌和薄层结缔组织呈结节状膨大。肺泡囊为数个肺泡共同围成的囊泡状结构。肺泡为多面体小泡，内衬有单层扁平上皮，开口于肺泡囊、肺泡管、呼吸性细支气管。肺泡与肺泡之间的少量结缔组织称为肺泡隔，其内可有尘细胞。肺泡隔的结缔组织中含有丰富的毛细血管网。肺泡上皮与肺泡隔内毛细血管内皮之间的结构构成气血屏障，它是保证吸入气体与肺内毛细血管之间进行气体交换的重要结构。

呼吸管道的内表面均覆盖有黏液层，黏液可湿润气体，保持组织潮湿；更重要的是，可黏附随气体进入呼吸管道内的异物，并借助于纤毛规律性摆动，将黏液及吸附其上的粉尘、细菌等异物排出体外。纤毛具有净化吸入气体的作用，分布于呼吸道及肺内支气管黏膜上皮的游离面。气道内软骨所形成的支架，可保证气流畅通。

一、实验目的

（1）掌握气管管壁的分层及各层的微细结构。

（2）掌握肺呼吸部的组成及其微细结构。

（3）掌握肺导气部的组成及其管壁结构的变化规律。

（4）熟悉肺尘细胞的形态及分布特点。

（5）了解肺内血管及肺泡隔毛细血管的分布特点。

二、实验内容

（一）气管

切片：气管，HE染色。

1. 肉眼观察

气管横切面呈环形，中央是气管管腔，腔面平整，周围呈红色的是管壁，管壁中深染的结构是透明软骨。

2. 低倍镜观察

管壁分三层：黏膜层、黏膜下层和外膜。三层之间无明显界限。

① 黏膜层上皮位于管腔面，染色较深，清晰可见；固有层结缔组织较细密，可见气管腺的导管经固有层到达腔面，开口于上皮的游离面。

② 黏膜下层为疏松结缔组织，内含大量气管腺。

③ 外膜较厚，由结缔组织和起支架作用的透明软骨环组成，染色较深，呈紫蓝色，在软骨环的缺口处，填充有平滑肌纤维和结缔组织，软骨膜位于软骨周围，呈粉红色。

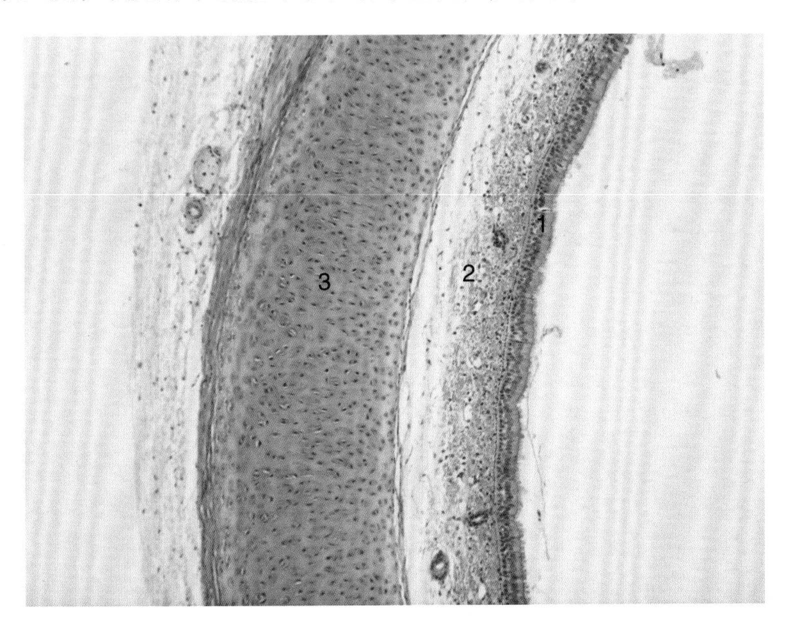

图12–1　气管（HE　10×10）

1. 黏膜；2. 黏膜下层；3. 外膜

3．高倍镜观察

① 黏膜：上皮为假复层纤毛柱状上皮，基膜较明显；其柱状细胞呈高柱状，游离面有纤毛，细胞核位于细胞中部，染色深，柱状细胞之间有较多的杯状细胞，形似高脚杯，胞质内含有大量的黏原颗粒，在制片过程中，颗粒被溶解，故胞质染色浅，柱状细胞和杯状细胞的顶端均能达到上皮的游离面；锥形细胞较矮小，位于上皮深部，呈锥体形或三角形，胞质少，细胞核为圆形，染色深，位于细胞中央。由于上皮细胞之间分界不清，上皮细胞的高矮、形态不一，细胞核排列的位置参差不齐，故气管上皮似复层上皮，需注意仔细观察。上皮深面的固有结缔组织较细密。

② 黏膜下层：被染成浅粉红色，由疏松结缔组织构成，其内可见较多的混合性气管腺，染色较深，腺细胞排列成团泡状。

③ 外膜：最厚，在疏松结缔组织中有染色较深的透明软骨环，其外周有致密结缔组织构成的软骨膜覆盖，软骨组织中央部分可见软骨细胞、软骨陷窝、软骨囊，靠近软骨膜的软骨细胞，体积较小，为扁圆形；软骨环缺口处可见平滑肌束填充。

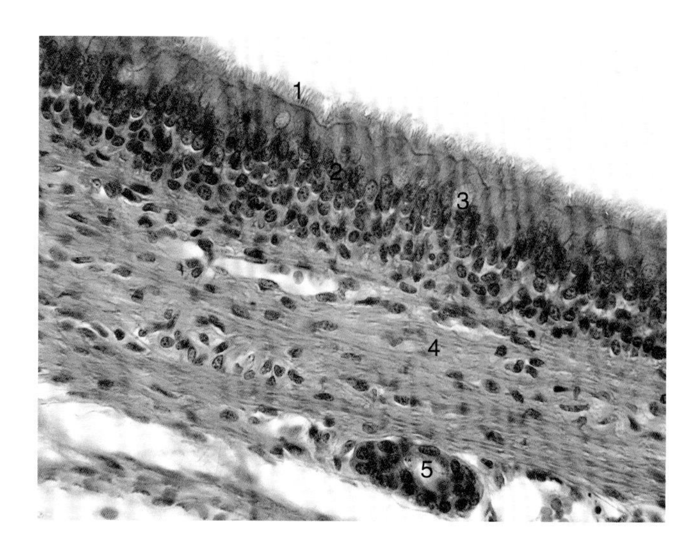

图12-2　气管（HE　10×40）

1. 纤毛；2. 假复层纤毛柱状上皮；3. 杯状细胞；4. 固有层；5. 气管腺

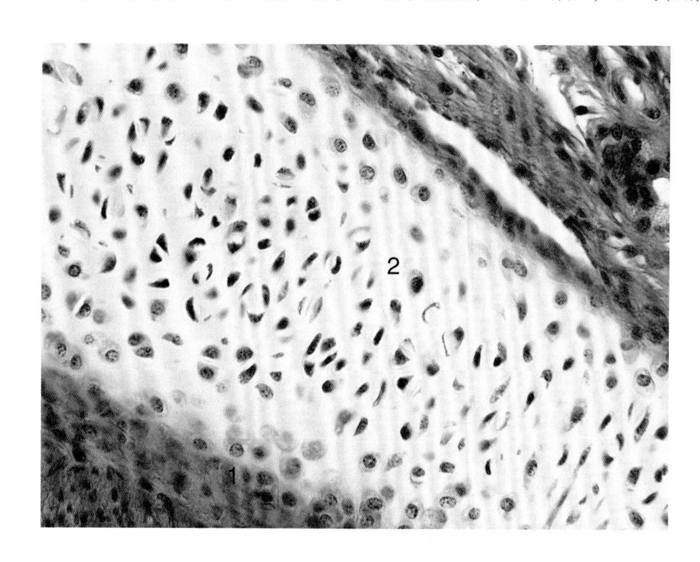

图12-3　气管（HE　10×40）

1. 软骨膜；2. 透明软骨

（二）肺

切片：肺，HE染色。

1. 肉眼观察

该切片组织结构疏松，呈海绵状，可见大小不等的小管腔及小泡状结构，组织染色呈浅粉红色。

2. 低倍镜观察

肺实质内可见许多大小不等、形态不规则的管腔及空泡。其中支气管树的各级分支及伴行的小动脉、小静脉为大小不等的管腔，其他单个的小泡状结构为肺泡，注意区别。管壁完整，管腔较大且规则的结构，多为肺导气部，可见黏膜皱襞。依管壁结构及管腔大小的不同可分为小支气管、细支气管、终末细支气管。管壁薄、不完整（指有肺泡开口处），管腔小且不甚规则的为呼吸性细支气管；管壁结构少，相邻肺泡开口处有结节状膨大（染色深，呈粉红色）者，为肺泡管；几个肺泡共同开口于一个囊腔，相邻肺泡开口处没有结节状膨大者，为肺泡囊；其余空泡状结构均为肺泡；它们共同构成肺呼吸部。相邻肺泡间的组织为肺泡隔，肺泡隔或肺泡腔内可见单个或多个尘细胞，呈棕黑色。

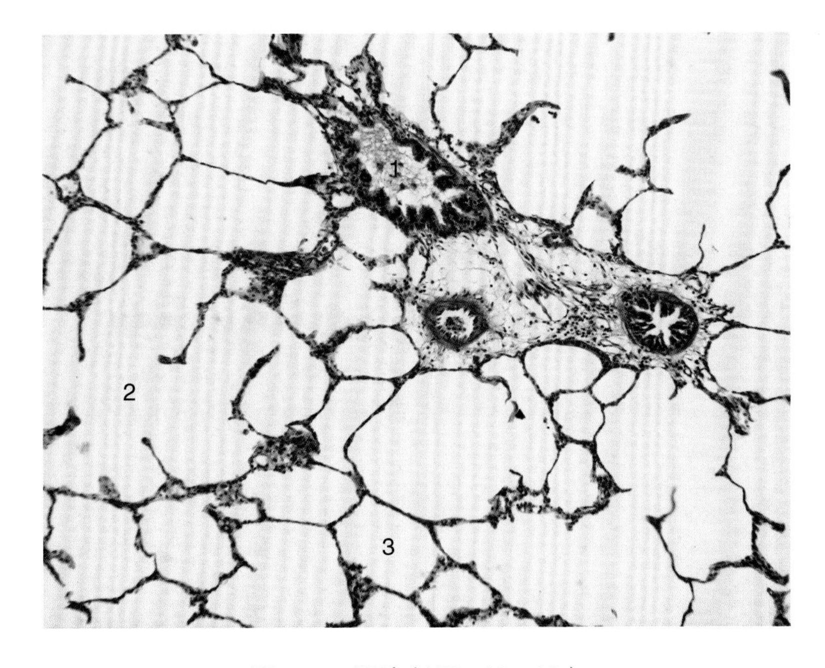

图12-4　肝脏（HE　10×10）

1. 支气管；2. 肺泡管；3. 肺泡

3. 高倍镜观察

① 小支气管：管壁较厚且完整，上皮为假复层纤毛柱状上皮，有杯状细胞，胞质染色浅；黏膜下层可见混合性气管腺泡；外膜中有不规则的软骨片；黏膜层和黏膜下层之间可见薄层不完整的环形平滑肌。

② 细支气管：管壁薄，可见黏膜层凸向管腔所形成的黏膜皱襞；上皮为单层纤毛柱状上皮，杯状细胞和腺体明显减少甚至消失，软骨碎片明显较少或消失，平滑肌纤维呈环形排列。

③ 终末细支气管：管壁内侧可见明显的黏膜皱襞，上皮为单层柱状，杯状细胞消

失，腺体和软骨片消失，平滑肌纤维已形成完整的环形层。

④ 呼吸性细支气管：管壁结构与终末细支气管相延续，但管壁上已出现肺泡的开口，管壁不完整，这是与终末细支气管的根本区别。上皮为单层立方形，接近肺泡开口处的上皮为单层扁平，上皮深面结缔组织中可见薄层平滑肌环绕。

⑤ 肺泡管：其结节状膨大（位于相邻两肺泡开口之间）突入到管腔内，染色呈较深的粉红色，其表面覆盖有单层立方或扁平上皮，深面的薄层结缔组织中可见平滑肌的断面，此结构为肺泡的特征性结构。

⑥ 肺泡囊：为许多肺泡共同开口形成的囊腔，相邻肺泡间仅有很少量的结缔组织，无平滑肌纤维存在，故在切片中看不到结节状膨大。

⑦ 肺泡：为半球形小囊，可开口于呼吸性细支气管、肺泡管、肺泡囊，它是构成肺的主要结构成分，使肺结构组织呈蜂巢状。肺泡上皮在该切片中不易分辨，因为Ⅰ型肺泡上皮非常薄，仅在有核处稍厚些；Ⅱ型肺泡上皮体积大，细胞呈圆形或立方形，但染色较浅；可依细胞核的形状（Ⅰ型肺泡上皮的核呈扁圆形，Ⅱ型肺泡上皮的核呈圆形）、位置来判断。

相邻肺泡之间薄层的组织为肺泡隔，其内有丰富的毛细血管。毛细血管内皮的细胞核比肺泡Ⅰ型上皮的细胞核稍小，较细长，位于肺泡隔内，与Ⅰ型肺泡上皮不易区分，可依毛细血管管腔内存在的血细胞，来判断毛细血管的位置与内皮。

尘细胞，内含大量吞噬颗粒，呈棕黑色，体积较大，散在于肺泡腔或肺泡隔内，清晰可见，可单个存在，也可聚集成群。

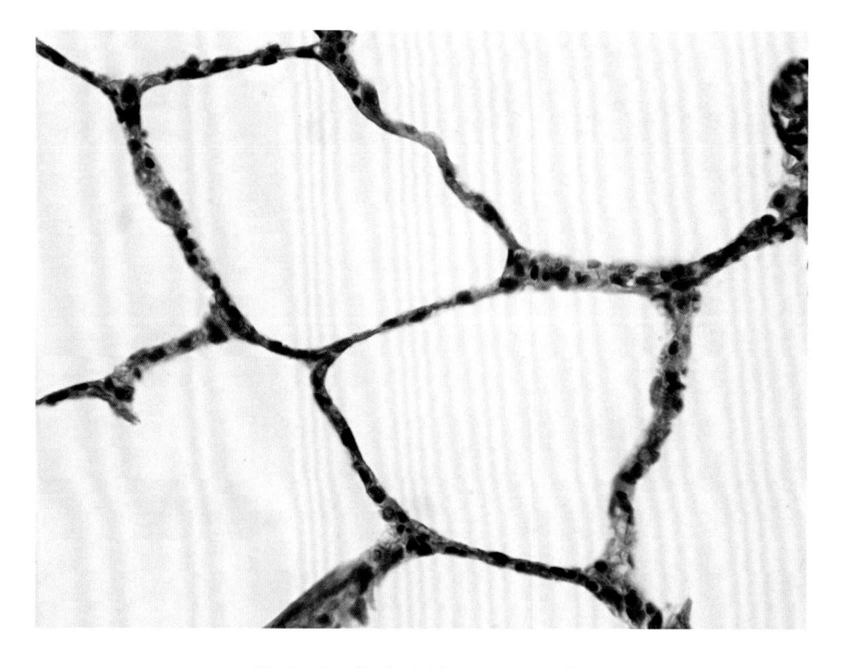

图12–5　肺泡（HE　10×40）

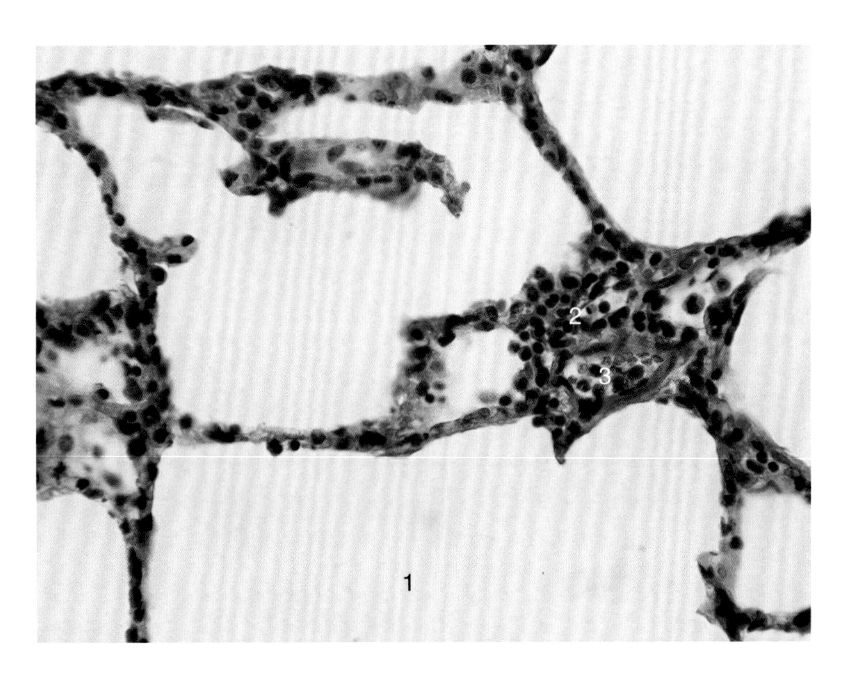

图12-6　肺泡（HE　10×40）

1. 肺泡；2. 肺泡隔；3. 毛细血管

三、作业

（1）高倍镜下绘图：示气管局部。

标注：黏膜层、黏膜下层、外膜、假复层纤毛柱状上皮、气管腺、透明软骨。

（2）高倍镜下绘图：示肺脏局部。

标注：呼吸性细支气管、肺泡管、肺泡囊、肺泡。

四、思考题

（1）气管壁的结构特点及其与功能的关系。

（2）试述肺泡结构及其与呼吸功能的关系。

（3）试述肺内导气部的管壁结构变化规律。

（4）肺巨噬细胞的来源及去路。

第十三章

泌尿系统

泌尿系统由肾、输尿管、膀胱和尿道组成，生理功能是形成和排出尿液。肾实质包括肾单位、集合小管和球旁复合体等结构。肾单位由肾小体和肾小管组成。

肾小体包括血管球和肾小囊两部分。肾小体似球形，与血管相连处为血管极，与肾小管相连处为尿极。血管球由入球微动脉分支而成，为有孔毛细血管，其在血管极处再汇成出球微动脉，离开肾小体。毛细血管腔内有较高的滤过压，利于形成原尿。血管球毛细血管间的结缔组织称为球内系膜，由系膜细胞和系膜基质组成。肾小囊呈杯形，具有双层壁。其壁层为单层扁平上皮，在尿极处与肾小管相移行。脏层细胞称足细胞，有多个突起，互相交叉成栅栏状。突起间有裂隙称裂孔，覆以裂孔膜。裂孔膜、基膜和有孔毛细血管内皮共同构成滤过屏障，参与形成原尿。

肾小管包括近端小管、细段和远端小管。近端小管由曲部和直部构成，曲部又称为近曲小管。近曲小管上皮为单层立方上皮，胞质嗜酸性，腔面由刷状缘（电镜下为微绒毛），基部可见基底纵纹（电镜下为质膜内褶和线粒体），胞界不清（电镜下细胞侧面有侧突）。原尿中绝大部分葡萄糖、氨基酸、蛋白质、水和无机盐在此被重吸收。近端小管直部的结构和功能与近曲小管相似。细段的上皮为单层扁平上皮，壁薄，有利于水和离子通透。远端小管由直部和曲部构成，远直小管的上皮为单层立方上皮，染色浅，腔面无刷状缘，基底纵纹明显，含钠泵，具有重吸收钠和分泌氢、氨的功能。远曲小管的结构与直部相似，能保钠排钾。

集合管管壁为单层立方或高柱状上皮，胞质清亮，胞界清楚，具有保钠排钾和重吸收水的功能。

球旁复合体位于肾小体血管极处，由球旁细胞、致密斑和球外系膜细胞构成。球旁细胞由入球微动脉中膜的平滑肌细胞特化而来，呈立方形，能分泌肾素。致密斑由远端小管上皮特化而成，靠近球旁细胞，细胞呈高柱状，排列紧密，能感受肾小管腔内钠离子浓度的变化，调节球旁细胞分泌肾素。球外系膜细胞分布于入球微动脉和出球微动脉之间。

肾小管和集合小管统称为泌尿小管。综上所述，肾实质主要由大量泌尿小管组成。

肾的血液循环与功能相适应，具有三大特点：① 血流量大；② 形成两套毛细血管；③ 形成直小动脉和直小静脉。

输尿管和膀胱壁皆由黏膜层、肌层和外膜组成。黏膜包括上皮和固有层，上皮为变移上皮，肌层为平滑肌，外膜为结缔组织。

一、实验目的

（1）掌握肾单位的构成。

（2）掌握肾小体和泌尿小管的结构特点。

（3）了解排尿管道的一般结构。

（4）了解球旁复合体的结构。

二、实验内容

（一）肾脏

切片：肾脏，HE染色。

1. 肉眼观察

标本染色较深处为皮质，染色较浅处为髓质。

2. 低倍镜观察

皮质表面可见一层致密结缔组织被膜。有的切片被膜不完整甚至完全脱落。位于浅层染色较红的为皮质，其深面染色较浅的为髓质。皮质和髓质交界处可见弓状血管断面，此处可作为皮质和髓质的分界标志。在皮质内区分皮质迷路和髓放线，皮质迷路内有许多圆球形的肾小体，其间为近曲小管和远曲小管的断面，髓放线内可见许多近端小管直部和远端小管直部的断面。髓质内可见细段和集合小管断面。

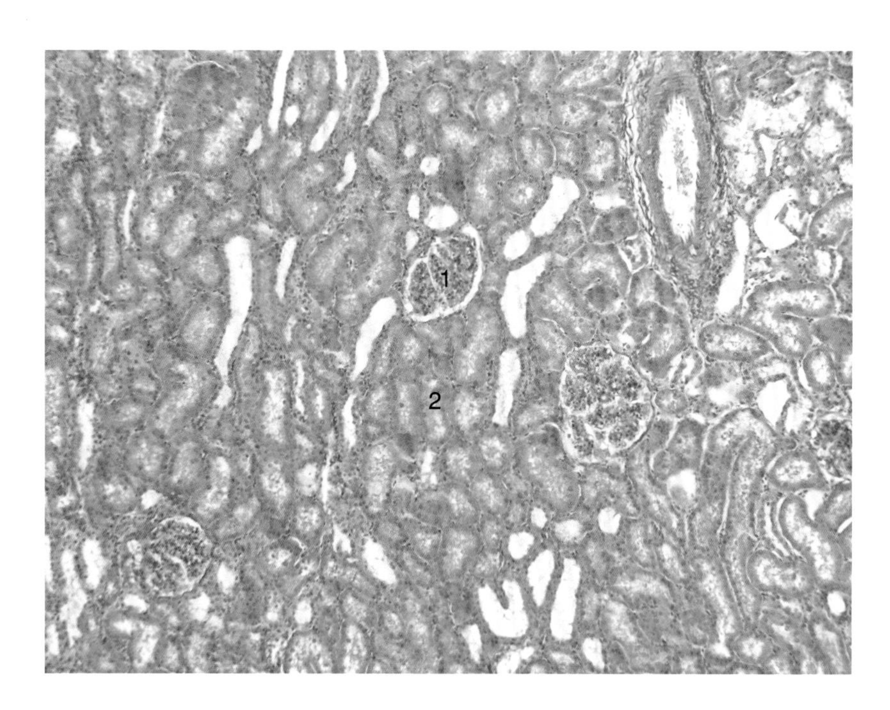

图13–1　肾脏（HE　10×10）

1. 肾小体；2. 肾小管

3. 高倍镜观察

皮质：肾小体多呈圆形，中央是由毛细血管盘绕而成的血管球，但切片中毛细血管壁不容易分辨，只见成堆的细胞核（包括内皮细胞核、足细胞核和球内系膜细胞核）和毛细血管内的血细胞。血管球外周有环状空隙，即肾小囊囊腔，肾小囊壁层为单层扁平上皮。① 近曲小管断面位于肾小体周围，数量较多。管壁为单层上皮，腔小而不规则，上皮细胞呈立方或锥体形，胞界不清。胞核圆，位于细胞近基部，细胞核排列疏密不等。胞质强嗜酸性，着深红色。细胞游离面可见刷状缘，基底面可见纵纹。② 近直小管：与近曲小管形态结构相似，但细胞较矮，管壁较薄。③ 远曲小管断面较近曲小管少，腔大而规则，管壁上皮细胞较矮，胞质染色较浅，细胞排列较密，故断面上胞核的数量较多。其游离面无刷状缘，基底面有纵纹。④ 远直小管由单层立方上皮围成，结构与远曲小管相似，但是管腔较小。胞质染成红色，胞界较清楚。

髓质：① 细段，管腔很小，管壁很薄，由单层扁平上皮组成，胞核常突向管腔。其腔内无血细胞，管壁无核部分比毛细血管壁厚，核向腔内突出不如毛细血管明显。② 集合管，管腔较大，管壁为单层立方上皮，胞质染色浅而透明，细胞分界清楚。

球旁细胞和致密斑：有的切片中可见入球微动脉中膜的平滑肌细胞变为立方上皮样细胞，为球旁细胞。细胞较大，卵圆形，染色浅，胞质轮廓不清。在靠近肾小体的远端小管管壁中，上皮细胞变得高而窄，核密集排列，此结构为致密斑。

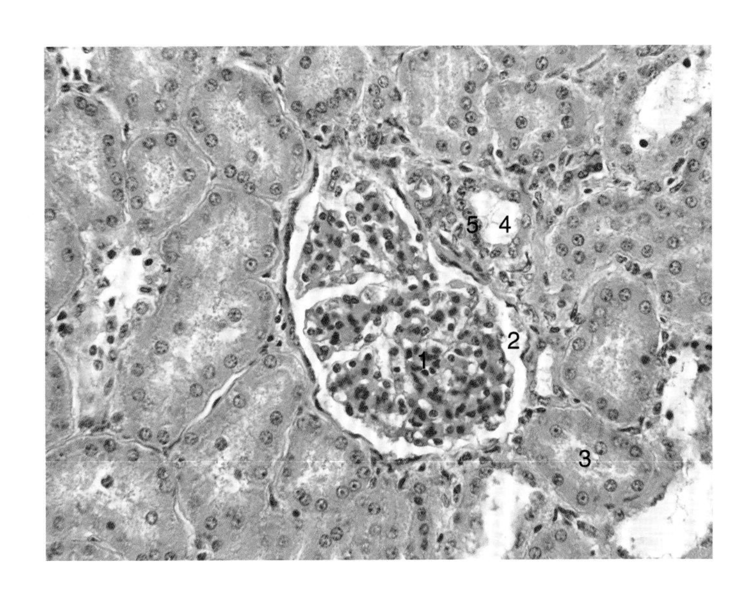

图13-2　肾脏（HE　10×40）

1. 血管球；2. 肾小囊腔；3. 近曲小管；4. 远曲小管；5. 致密斑

（二）输尿管

切片：输尿管，HE染色。

1. 肉眼观察

椭圆形组织，周边染色淡的区域为输尿管的外膜层，中间染色红的区域为输尿管的肌层，内面染色深的区域为输尿管的黏膜层。

2. 低倍镜观察

管径小，管壁结构分为三层。

① 黏膜层：由变移上皮和固有层构成，有许多纵行皱襞，因此，管腔不规则。

② 肌层：为内纵、中环、外纵三层平滑肌构成。

③ 外膜：为纤维膜，其内可见血管和脂肪细胞。

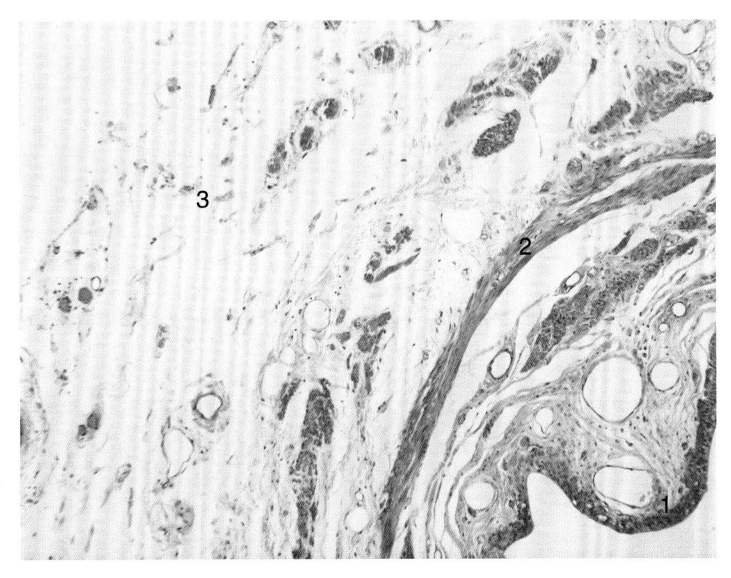

图13-3　输尿管（HE　10×10）

1. 黏膜；2. 肌层；3. 外膜

（三）膀胱

切片：膀胱，HE染色。

1. 肉眼观察

此片为膀胱的一部分，紫蓝色的一面即为膀胱的黏膜面。

2. 低倍镜观察

膀胱壁分为三层，结构基本与输尿管相同。

① 黏膜层：由变移上皮和固有层构成。上皮较厚，收缩状态时黏膜有皱襞。

② 肌层：很厚，为内纵、中环、外纵三层平滑肌构成。

③ 外膜：膀胱顶为浆膜，其余各部为纤维膜。

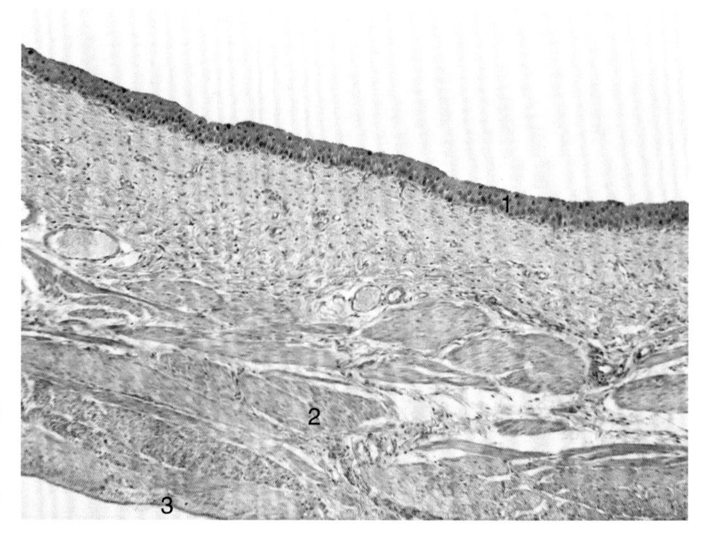

图13-4 膀胱（HE 10×10）

1. 黏膜；2. 肌层；3. 外膜

3. 高倍镜观察

变移上皮各层细胞形态不同。表层细胞较大，立方形，能盖住下面各层细胞，称为盖细胞。有的细胞有双核。中间的细胞呈多边形或倒置的梨形。基底层细胞呈矮柱状。

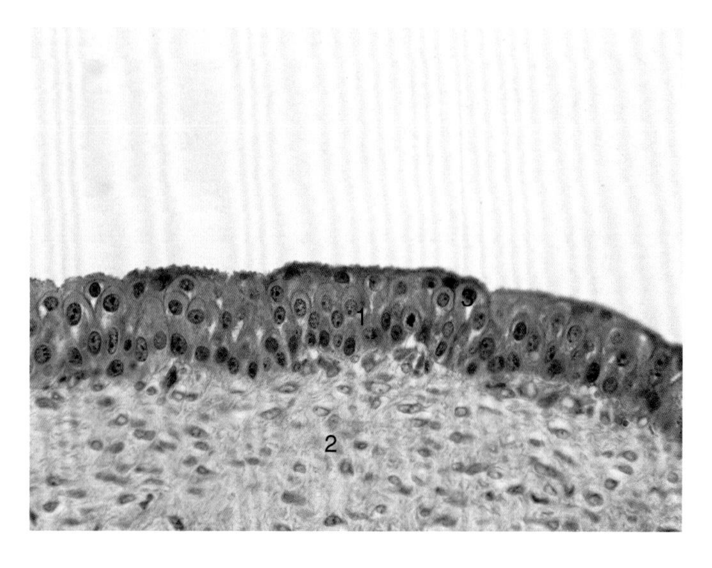

图13-5 膀胱（HE 10×40）

1. 变移上皮；2. 固有层；3. 盖细胞

三、作业

（1）高倍镜下绘图：示肾脏局部。

标注：肾小体、血管球、肾小囊、近曲小管、远曲小管、集合管、致密斑。

（2）高倍镜下绘图：示膀胱局部。

标注：黏膜层、肌层、外膜、盖细胞。

四、思考题

（1）肾单位的组成及各组成部分的主要功能。

（2）球旁复合体的细微结构及其生理功能。

第十四章

雄性生殖系统

雄性生殖系统包括成对的睾丸、附睾、输精管、副性腺及外生殖器。睾丸能产生精子、分泌雄性激素。附睾、输精管、尿道是运输精子的生殖管道，附睾还有暂时贮存精子、营养精子成熟的作用。附属腺包括前列腺、精囊腺和尿道球腺，它们的分泌物称为精清，与睾丸产生的精子共同组成精液。

睾丸是一对实质性器官，除附睾缘外，均被覆一层浆膜。浆膜下方是致密结缔组织构成的白膜。在马的睾丸白膜中还有少量的平滑肌纤维。在白膜中，许多睾丸动脉、静脉的分支集中形成血管层。马和猪的血管层位于白膜的深层，而犬和羊的位于浅层。在睾丸头部，白膜的结缔组织伸入睾丸内部形成结缔组织纵隔，称睾丸纵隔。马的睾丸纵隔仅分布于睾丸前端。睾丸纵隔伸入睾丸实质，将睾丸实质分成许多睾丸小叶。每个小叶内有1～4条弯曲细长的曲精小管，曲精小管在近睾丸纵隔处变为短而直的直精小管，直精小管进入睾丸纵隔相互吻合形成睾丸网。此外，在曲精小管之间的疏松结缔组织称睾丸间质，间质中有睾丸间质细胞，能分泌雄性激素。

附睾位于睾丸的后外侧，可分为头、体、尾三部分。头部主要由睾丸输出管组成，体部和尾部由附睾管组成。

输精管是附睾管的延续，管腔小而管壁厚。管壁由黏膜层、肌层和外膜三层组成。黏膜层表面有纵行的皱襞，上皮在起始段为假复层柱状上皮，然后逐渐转变为单层柱状上皮。上皮下为固有层。输精管的膨大部固有层中有单分支管泡状腺，其分泌物参与精液形成，猪缺乏该腺体。肌层厚而发达。马、牛、猪为内环、中纵、外斜的平滑肌，分层不明显；羊为内环、外纵两层平滑肌。外膜主要为浆膜。

副性腺包括成对的精囊腺和尿道球腺以及单个的前列腺。肉食动物无精囊腺，猪的精囊腺发达，马属动物的呈囊状。精囊腺的分泌物呈弱碱性，果糖含量丰富，有营养精子和稀释精液的作用。前列腺的分泌物较黏稠，富含酸性磷酸酶和纤维蛋白溶酶，还有柠檬酸、卵磷脂和锌等物质。前列腺还分泌前列腺素。尿道球腺分泌黏滑液体，参与精液组成。

一、实验目的

（1）掌握睾丸的组织结构。

（2）掌握附睾的组织结构。

（3）了解前列腺、输精管的结构。

二、实验内容

（一）睾丸

切片：睾丸，HE染色。

1．肉眼观察

大而卵圆形的断面为睾丸，在睾丸后上方结缔组织较多的部分是睾丸纵隔，有时可见睾丸纵隔与附睾相连。

2．低倍镜观察

睾丸表面较厚的结缔组织为白膜，白膜的内侧为薄层疏松结缔组织，其中有较多的血管断面，为血管膜。再向内就是睾丸实质，其中有大量横断或斜断的小管，上皮由多层细胞组成，即曲精小管。曲精小管之间少量的结缔组织为睾丸间质。

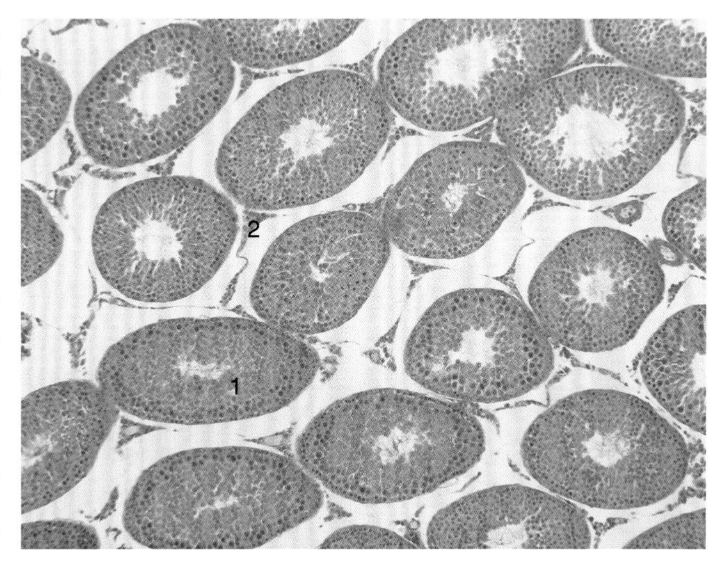

图14–1　睾丸（HE　10×10）

1. 曲精小管；2. 睾丸间质

3. 高倍镜观察

曲精小管上皮外有一层红色的基膜，较明显。基膜周围有些梭形的细胞核，为肌样细胞核，细胞界限不清。曲精小管管壁上皮由不同发育阶段的生精细胞和支持细胞组成。精原细胞位于基膜上，细胞呈圆形，体积较小，核圆形或卵圆形。在精原细胞的内侧，细胞体积大，核亦大，多处于有丝分裂状态的为初级精母细胞。次级精母细胞存在时间短，很快就继续分裂形成精子细胞，因此，在标本中不容易找到。在初级精母细胞的内侧，靠近管腔面，有成群的精子细胞。精子细胞呈圆形，很小，核圆染色深。往往聚集在支持细胞周围。在管腔面，可看到许多很小的深蓝色卵圆形颗粒，为精子头，后面长长的是精子的尾部。

在生精细胞之间可看到三角形或卵圆形的细胞核，其中核仁明显，即是支持细胞的核。支持细胞呈圆形或锥体形，体积大，底靠基膜上，顶向管腔，侧面镶嵌着许多生精细胞，所以界限不清楚，只看到细胞核。

曲精小管之间的睾丸间质中，除了一般结缔组织细胞外，还有体积较大，成群分布的间质细胞。间质细胞呈圆形或多角形，细胞质嗜酸性，呈红色，含有小脂滴和色素颗粒。细胞核圆形，染色质少，偏于细胞一侧。

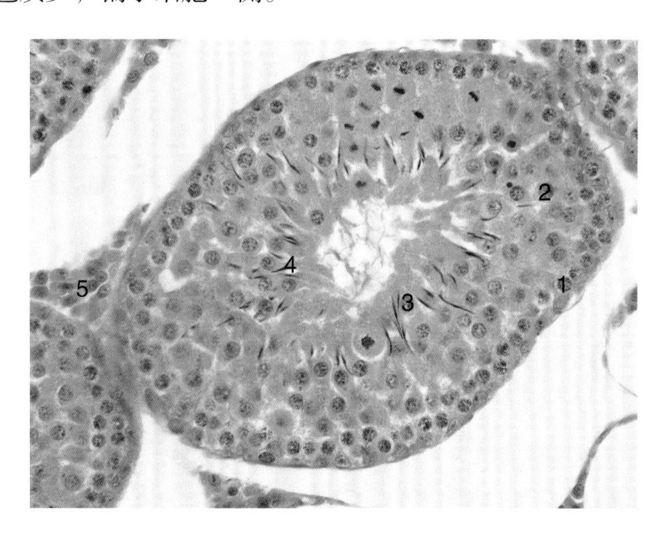

图14-2 睾丸（HE 10×40）

1. 精原细胞；2. 初级精母细胞；3. 精子细胞；4. 精子；5. 间质细胞

（二）附睾

切片：附睾，HE染色。

1. 低倍镜观察

片中可见大小不等、管腔表面起伏不等和管腔面平整的两种管道断面。

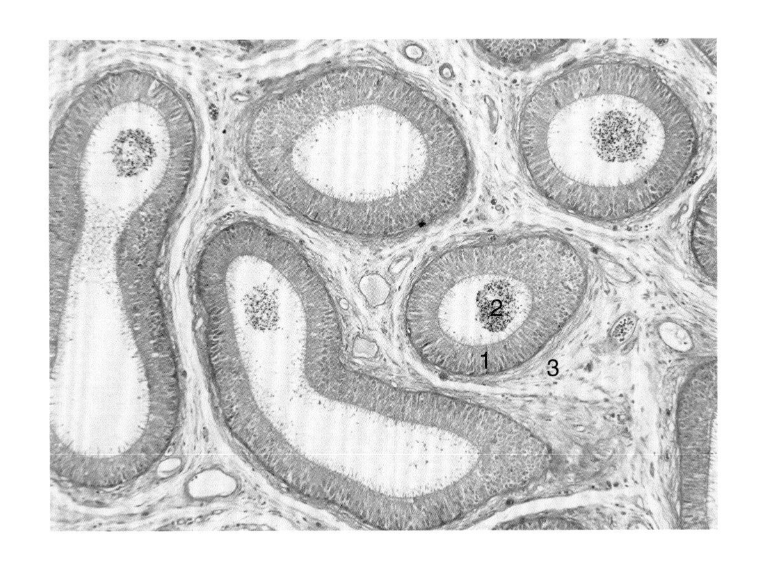

图14–3　附睾（HE　10×10）

1. 假复层柱状上皮；2. 精子；3. 疏松结缔组织

2. 高倍镜观察

附睾的头部主要由输出小管组成，高低不平，高处上皮为假复层纤毛柱状型，低处为无纤毛而有微绒毛的单层柱状型，这两种类型上皮相间排列。附睾体和尾部由附睾管组成。附睾管的黏膜上皮为假复层柱状，由两类细胞组成。一类称为主细胞，数目多，呈高柱状，游离面有成簇的静纤毛；另一类称为基细胞，位于上皮细胞的基部，胞体小而成椭圆形，胞质染色淡。

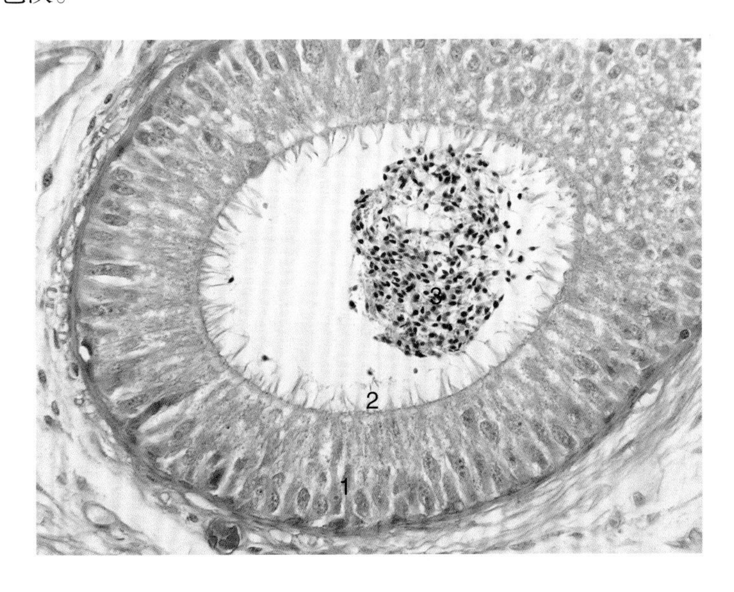

图14–4　附睾（HE　10×40）

1. 假复层柱状上皮；2. 静纤毛；3. 精子

（三）前列腺

切片：前列腺，HE染色。

1. 肉眼观察

着色深而致密的一侧为被膜，被膜伸入实质为间隔，被膜与间隔由结缔组织和平滑肌组成。疏松与较透亮的部位为腺泡。

2. 低倍镜观察

被膜的结缔组织中有较多的平滑肌纤维。实质中有许多大小不等、形态不规则的腺泡，腺腔较大，皱襞很多，腔面起伏不平。腺上皮由单层立方、单层柱状和假复层柱状等不同形态的上皮组成，腺泡间隔的结缔组织中有较多的平滑肌。有的腺腔内可看到红色均质的分泌物。

（四）输精管

切片：输精管，HE染色。

1. 肉眼观察

可见较为规则的环状结构。

2. 低倍镜观察

横断面上可见黏膜形成皱襞，上皮在输精管起始段为假复层柱状上皮，然后逐渐转变为单层柱状上皮。上皮下为固有层，固有层为薄层的结缔组织，肌层发达，马、牛、猪为内环、中纵、外斜的平滑肌，分层不明显；羊为内环、外纵两层平滑肌。外膜主要为疏松结缔组织构成的浆膜。

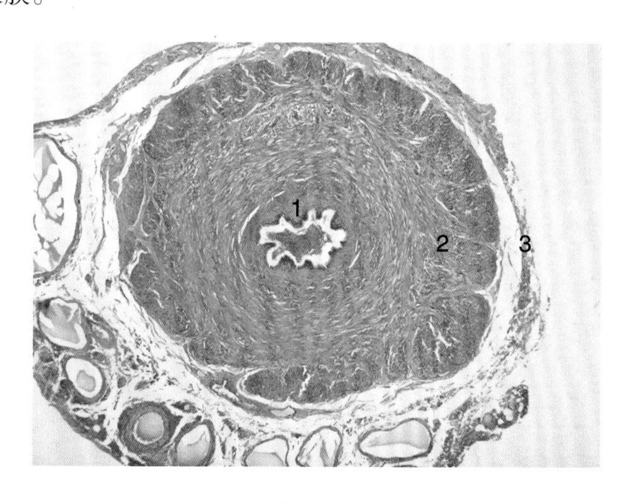

图14–5　输精管（HE　10×4）

1. 黏膜；2. 肌层；3. 外膜

三、作业

（1）高倍镜下绘图：示睾丸曲精小管局部。

标注：精原细胞、初级精母细胞、次级精母细胞、精子细胞、精子、睾丸间质细胞。

（2）高倍镜下绘图：示附睾局部。

标注：输出小管、附睾管。

（3）高倍镜下绘图：示前列腺局部。

标注：被膜、腺泡。

四、思考题

（1）试述精子的结构。

（2）睾丸间质细胞的结构和功能。

（3）何谓生精上皮，如何构成？

（4）试述睾丸实质的光镜结构。

第十五章

雌性生殖系统

雌性生殖系统包括卵巢、输卵管、子宫、阴道等器官。

卵巢产生卵细胞，是生殖细胞发生的腺体，同时又分泌雌激素和孕激素，是重要的内分泌腺。卵巢是一个实质性器官，其表面覆盖着一层表面上皮，称生殖上皮，幼年或成年动物多呈立方形或柱状，而在老年动物则变为扁平。上皮下方是结缔组织构成的白膜。马卵巢的生殖上皮仅位于排卵窝处。卵巢的外周部分为皮质，较厚，含不同发育阶段的卵泡以及黄体等，其结缔组织富含网状纤维和梭形基质细胞。中央部分为髓质，是富含血管、淋巴管的疏松结缔组织，与皮质无明显界限。卵巢门处有较大的血管、神经、少量平滑肌和门细胞。门细胞数量少，有分泌少量雌激素的功能，妊娠期较明显。

卵泡是由中央的一个卵母细胞及其周围的卵泡细胞组成的球形结构，其发育是一个连续的生长过程，根据某些结构特点，人为地将其分为原始卵泡、初级卵泡、次级卵泡和成熟卵泡四个阶段。其中初级卵泡和次级卵泡又合称为生长卵泡。

原始卵泡：位于皮质的浅层，体积小，数量多，是处于静止状态的卵泡。原始卵泡在反刍动物和猪均匀分布，肉食动物聚集成小群状。原始卵泡呈球形，由一个大而圆的初级卵母细胞及外周单层扁平的卵泡细胞组成，在单层扁平的卵泡细胞外有基膜。在多胎动物如猫、犬、羊和猪的原始卵泡中，可能有2～6个初级卵母细胞，是多卵卵泡。初级卵母细胞体积大，圆形，核大而圆，略偏位，染色质细疏，着色浅，核仁大而明显，胞质嗜酸性。卵泡细胞小而扁，核扁圆形，染色较深，细胞外有薄层基膜。卵泡细胞支持和营养卵母细胞。

初级卵泡：体积逐渐增大，并向皮质深部迁移。从原始卵泡到初级卵泡的主要变化包括：① 卵泡细胞由单层扁平变为单层立方或柱状，由一层增生为多层；② 初级卵母细胞体积增大；③ 卵母细胞和卵泡细胞之间出现一层均匀的嗜酸性膜，即透明带；④ 初级卵泡周围结缔组织的梭形细胞逐渐密集形成卵泡膜，但与周围的结缔组织无明显界限。

次级卵泡：体积进一步增大，并出现：① 卵泡腔：卵泡细胞间出现许多充满液体的小腔隙，并逐渐扩大融合成一个大的新月形的腔，腔内充满卵泡液。② 卵泡细胞大量增生密集化称为颗粒细胞；③ 卵丘：随着卵泡液的增多和卵泡腔的扩大，卵母细胞及其周围的颗粒细胞被挤到卵泡的一侧，并形成凸向卵泡腔的丘状隆起，称为卵丘；④ 放射冠：紧靠透明带的一层颗粒细胞增大呈柱状，并放射状排列，称为放射冠；⑤ 卵泡膜：随着卵泡的增大，其周围的结缔组织增多，卵泡膜变明显，并能分出内外两层，内膜层含较多的多边形或梭形的膜细胞、丰富的毛细血管，外膜层主要由结缔组织构成，细胞和毛细血管少，胶原纤维较多，并有少量平滑肌。

成熟卵泡：此时卵泡体积最大，卵泡液激增，卵泡壁变薄，并向卵巢表面突出，由于卵泡腔扩大及卵泡颗粒细胞分裂增生逐渐停止，导致颗粒层变薄。成熟卵泡的透明带达到最厚。许多动物的卵母细胞在成熟卵泡接近排卵时，完成第一次成熟分裂，分裂时，胞质的分裂不均等，形成大小不等的两个细胞，大的称为次级卵母细胞，其形态与初级卵母细胞相似，小的只有极少的胞质，附在次级卵母细胞与透明带的间隙中，称为第一极体。次级卵母细胞接着进入第二次成熟分裂，但停滞在分裂中期，排出后若受精才能完成第二次成熟分裂，并释放出第二极体；次级卵母细胞若未受精则退化并被吸收。而马和犬则在排卵后才完成第一次减数分裂。

卵泡成熟后破裂，卵母细胞及其周围的透明带和放射冠自卵巢排出的过程称为排卵。每个性周期中，单胎动物一般只排1个卵（偶尔2个），而多胎动物可排多个卵，如猪、鼠、兔等一个性周期中能排10 ~ 26个卵。

黄体：排卵后，卵泡壁塌陷形成皱襞（猪、牛等排卵前，成熟卵泡壁就已经出现皱襞），卵泡内膜毛细血管破裂引起出血，基膜破碎，血液充满卵泡腔内，形成血体（红体）。同时残留在卵泡壁的颗粒细胞和内膜细胞向腔内侵入，胞体增大并分化，胞质内出现黄色脂质颗粒，颗粒细胞分化为粒性黄体细胞，而内膜细胞分化为膜性黄体细胞，两者均有内分泌功能。粒性黄体细胞体积大，染色浅，数量多，又称大黄体细胞，可分泌孕酮；膜性黄体细胞多位于黄体周边，染色较深，数量少，又称小黄体细胞，主要分泌雌激素。黄体细胞成群分布，夹有富含血管的结缔组织，周围仍由原来的卵泡外膜包裹，新鲜时呈黄色，故称为黄体。马、牛和肉食动物的黄体细胞内含有较多黄色的脂褐素，致使整个黄体呈黄色。羊和猪的黄体缺乏这种色素，所以黄体色淡，呈肉色。如母畜未受精妊娠，黄体则逐渐退化，此种黄体称为假黄体。如果动物已妊娠，黄体在整个妊娠期继续维持其大小和分泌功能，这种黄体称为真黄体。真黄体和假黄体在完成其功能后，均退化。

退化的黄体成为结缔组织瘢痕，称为白体。

除了排出的卵泡外，卵巢中其余99%的卵泡在不同发育阶段发生退化，退化的卵泡称为闭锁卵泡。其形态为：卵细胞形态不规则，核固缩；透明带凹陷、扭曲、退化；放射冠游离，粒层细胞松散脱落；卵泡腔内有中性粒细胞或巨噬细胞侵入。

输卵管分为漏斗部、壶腹部和峡部，管壁均由黏膜层、肌层和浆膜三层组成。漏斗部黏膜的表面有许多纵行皱襞，是由固有层及上皮向腔内突入形成的，上皮为单层柱状，猪及反刍动物有的部分是假复层柱状上皮，由分泌细胞和纤毛细胞组成，黏膜上皮在不同发情周期中有周期性变化。肌层主要由环形平滑肌构成。外膜为浆膜。

家畜子宫为双角子宫，包括一对子宫角、一个子宫体和一个子宫颈。管壁从内到外可分为内膜、肌层和外膜。子宫内膜由上皮和固有层构成。上皮类型随动物种类和发情周期而异，马、犬、猫等动物为单层柱状上皮，猪和反刍动物为单层柱状或假复层柱状上皮，上皮细胞有分泌功能，游离面有静纤毛。固有层为结缔组织，内含大量基质细胞（梭形细胞和星形细胞）和子宫腺。子宫肉阜是反刍动物固有层形成的圆形加厚部分。肌层由发达的内环、外纵平滑肌组成。在两层间或内层深部存在大量的血管及淋巴管。外膜为浆膜。

子宫内膜的周期性变化分为五个阶段：

发情前期：子宫内膜胚性结缔组织迅速增生变厚，子宫腺生长，分泌能力逐渐加强，血管增多，内膜水肿、充血，甚至出血。

发情期：子宫内膜继续增生并充血、水肿、红细胞渗出。子宫腺分泌旺盛。

发情后期：内膜继续发育，固有层毛细血管少量出血，但会被吞噬吸收。若发情后不妊娠，则子宫内膜开始退化、脱落、吸收。

发情间期：若妊娠，黄体分泌大量孕酮，子宫腺大量分泌子宫乳，可维持妊娠。若未妊娠，子宫内膜随黄体退化而变薄、脱落、被吸收。

休情期：在非妊娠状态下，黄体完全退化，子宫腺体恢复原状，分泌停止。随着下一批卵泡生长又进入一个新的发情周期。

一、实验目的

（1）掌握卵巢的一般结构、发育各阶段卵泡的形态演变和黄体的形成。

（2）了解闭锁卵泡。

（3）掌握子宫的微细结构、子宫内膜的周期性变化及其激素调节。

（4）熟悉输卵管的结构。

二、实验内容

（一）卵巢

切片：卵巢，HE染色。

1. 低倍镜观察

① 一般结构：卵巢表面有一层扁平或立方形的上皮，上皮下方是白膜，为薄层致密结缔组织。卵巢外周为皮质，含不同发育阶段的卵泡、黄体等；中央为髓质，由疏松结缔组织构成，含丰富血管、神经和淋巴管等，与皮质无明显界限。

② 原始卵泡：位于皮质浅层，数量多，由中央的一个初级卵母细胞和周围一层扁平的卵泡细胞组成。

③ 初级卵泡：初级卵母细胞增大，卵泡细胞为立方形或柱状，可有一至多层，卵母细胞与卵泡细胞之间出现透明带，呈均质状，染成红色。

④ 次级卵泡：体积更大，出现卵泡腔。紧贴透明带的一层卵泡细胞呈柱状，称放射冠。有的切片可见卵丘、颗粒层。

⑤ 黄体：体积很大，血管丰富，大部分是颗粒黄体细胞，呈多角形，较大，染色浅；膜黄体细胞数量少，位于黄体周边部，圆形或多边形，较小，染色深。

⑥ 闭锁卵泡：退化的各级卵泡，细胞核固缩，细胞质溶解或吸收，细胞退化，有些可见透明带。

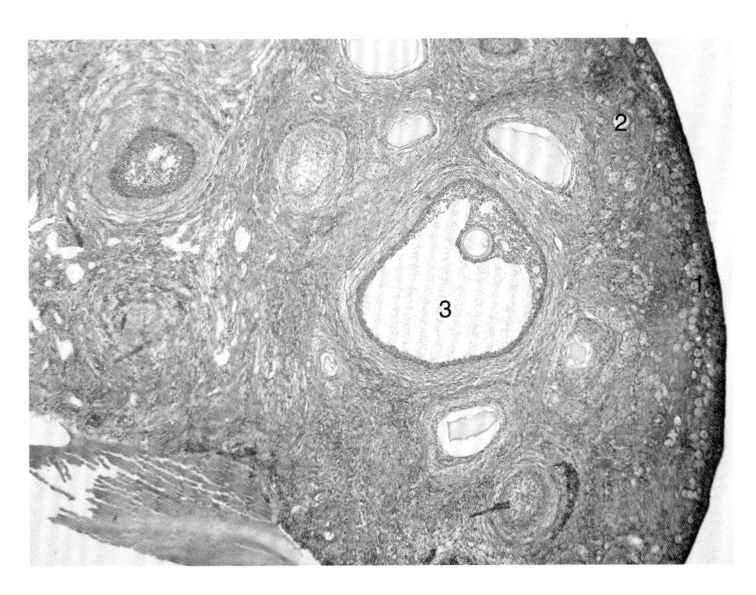

图15-1　卵巢（HE　10×4）

1. 原始卵泡；2. 初级卵泡；3. 次级卵泡

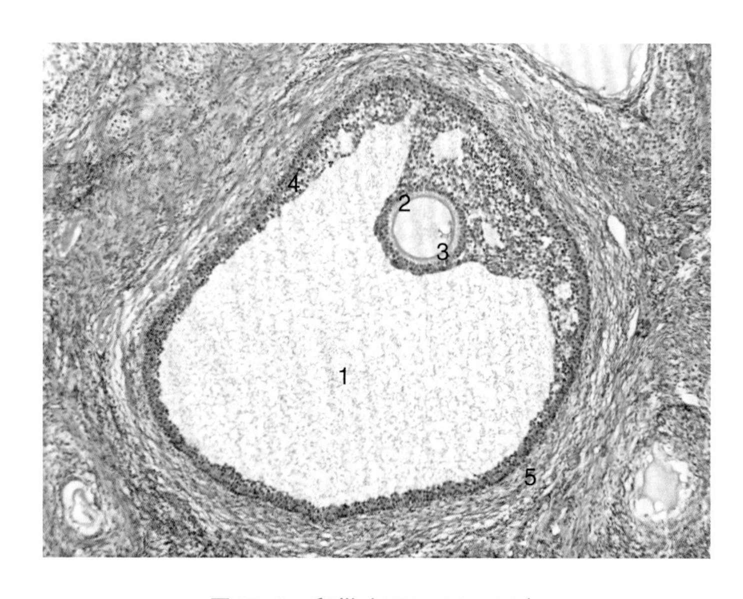

图15-2　卵巢（HE　10×10）

1. 卵泡腔；2. 卵丘；3. 透明带；4. 颗粒层；5. 卵泡膜

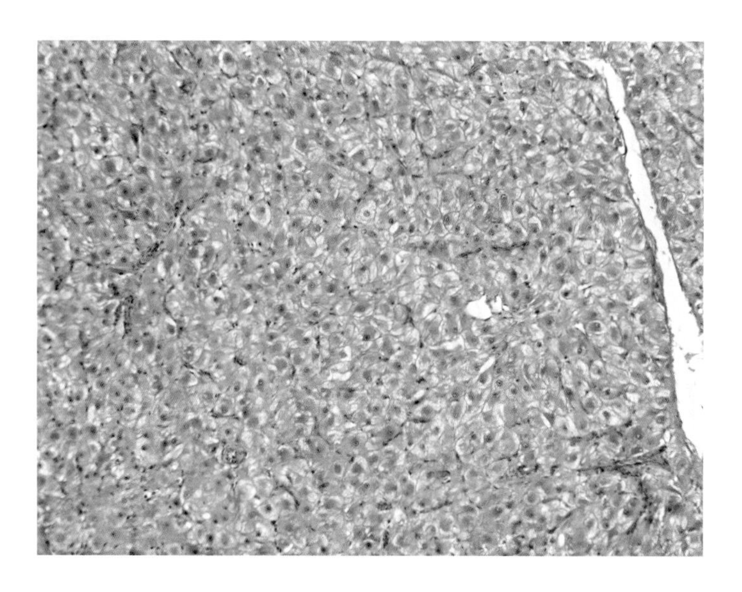

图15-3　黄体（HE　10×10）

2. 高倍镜观察

① 初级卵母细胞：圆形，较大，核大而圆，染色质细疏，色浅，核仁大而明显，胞质嗜酸性。

② 卵泡细胞：在原始卵泡中为扁平形，较小；在初级卵泡中为立方形或柱状；在次级卵泡中卵泡细胞由单层变为多层，位于初级卵母细胞透明带外表面的一层卵泡细胞呈柱状，其余为多边形。此时，由于卵泡细胞大量的分裂增生密集化，可称为颗粒细胞。卵泡

细胞与周围结缔组织之间有薄层基膜。

③ 卵泡膜：初级卵泡开始出现，细胞呈梭形，与卵泡细胞间隔以基膜，由卵泡周围的结缔组织细胞密集而成。在次级卵泡中分化为内、外两层，内膜层为多边形或梭形的细胞，含丰富的毛细血管，外膜层为结缔组织。

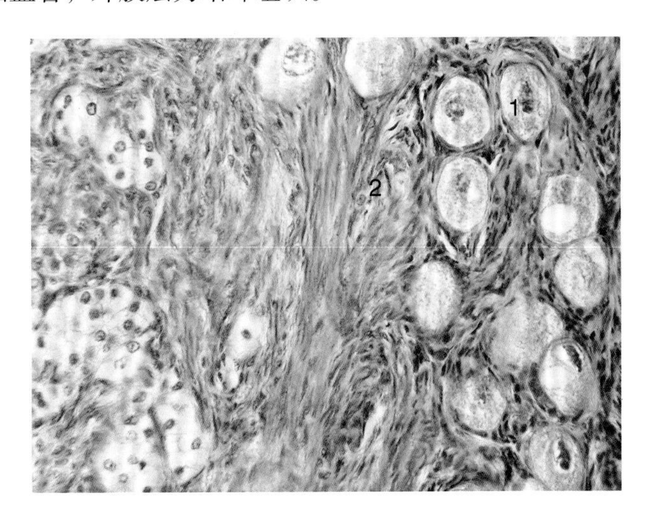

图15-4　卵巢（HE　10×40）

1. 原始卵泡；2.间质

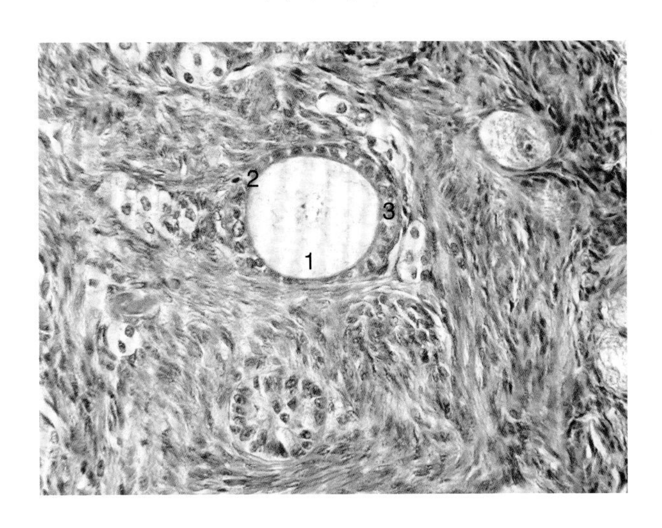

图15-5　卵巢（HE　10×40）

1. 卵母细胞；2. 透明带；3.卵泡细胞

（二）输卵管

切片：输卵管，HE染色。

1. 低倍镜观察

管壁结构由黏膜层、肌层和外膜组成。漏斗部黏膜的表面有许多纵行皱襞，是由固有层及上皮向腔内突入形成的，上皮为单层柱状，猪及反刍动物有的部分是假复层柱状上皮，黏膜上皮在不同发情周期中有周期性变化。

① 黏膜；

② 肌层，主要是环形平滑肌；

③ 外膜为浆膜，由间皮及疏松结缔组织构成。

2. 高倍镜观察

猪及反刍动物有的部分是假复层柱状上皮，由分泌细胞和纤毛细胞组成，其纤毛细胞和非纤毛细胞比例不同，如牛发情时，纤毛细胞明显增多。

（三）子宫

切片：子宫，HE染色。

1. 低倍镜观察

管壁从内到外可分为内膜、肌层和外膜三层。

① 子宫内膜由上皮和固有层构成。

② 子宫肌层由发达的内环、外纵平滑肌组成，两层间或内层深部存在大量的血管及淋巴管。

③ 子宫外膜属于浆膜，由疏松结缔组织外被覆间皮构成。

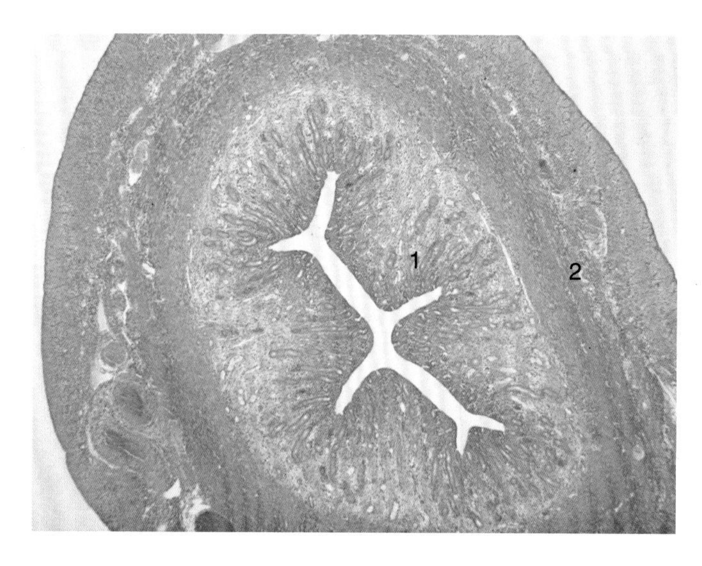

图15–6　子宫（HE　10×4）

1. 内膜；2. 肌层